谨以此书献给我最热爱的故乡——北京，
亦献给每一位热爱北京城的大朋友和小朋友们！

探秘四合院

2

威风堂堂话宫宅

叶　木◎著

中国人民大学出版社

·北京·

图书在版编目（CIP）数据

探秘四合院．2，威风堂堂话宫宅 / 叶木著．-- 北京：中国人民大学出版社，2022.3

ISBN 978-7-300-30280-5

Ⅰ．①探… Ⅱ．①叶… Ⅲ．①北京四合院－介绍②北京四合院－史料－研究 Ⅳ．①TU241.5②K928.71

中国版本图书馆CIP数据核字（2022）第020797号

探秘四合院（2）——威风堂堂话宫宅

叶　木　著

Tanmi Siheyuan (2)— Weifeng Tangtang Huagongzhai

出版发行	中国人民大学出版社		
社　　址	北京中关村大街31号	**邮政编码**	100080
电　　话	010-62511242（总编室）		010-62511770（质管部）
	010-82501766（邮购部）		010-62514148（门市部）
	010-62515195（发行公司）		010-62515275（盗版举报）
网　　址	http://www.crup.com.cn		
经　　销	新华书店		
印　　刷	北京瑞禾彩色印刷有限公司		
规　　格	185mm×240mm　16开本	**版　　次**	2022年3月第1版
印　　张	17.75　插页　2	**印　　次**	2022年3月第1次印刷
字　　数	195 000	**定　　价**	128.00元（全5册）

主角档案

男一号

姓名：赳赳

性别：男

原型：石狮子

年龄：保密

生日：庚午年三月初一

性格：威武雄健，精灵好动，贫嘴一枚，对一切充满好奇，能变化成各种人物角色，经常会闹出笑话，惹出乱子，人称“机灵鬼赳赳”。

名字起源于《诗经·国风·周南·兔罝（jū）》：赳赳武夫，公侯干城。

女一号

姓名：娈娈

性别：女

原型：石狮子

年龄：保密

生日：己巳年十月初二

性格：妩媚可爱，聪明善良，狮子界里的学霸！熟知中华上下五千年的历史，人称“万事通娈娈”。

名字起源于《诗经·小雅·甫田之什·车舝（xiá）》：间关车之舝兮，思娈季女逝兮。

使用秘籍

亲爱的小读者们，欢迎你们和赳赳、娈娈一起探索奇妙的北京城，一起解开隐藏在古老四合院里的千年未解之谜！

本书为互动百科类儿童读物，笔者建议各位小读者在家长的陪伴下阅读，并按照书中的提示完成相应的互动体验活动。

本书共分为两部分：漫画故事及四合知识。

在漫画故事部分，大家将在赳赳、娈娈两个小可爱的带领下，了解四合院的前世今生，领略四合院的独特风采，尤其是它们之间插科打诨、令人捧腹的趣味对白，相信会给你留下深刻的印象！

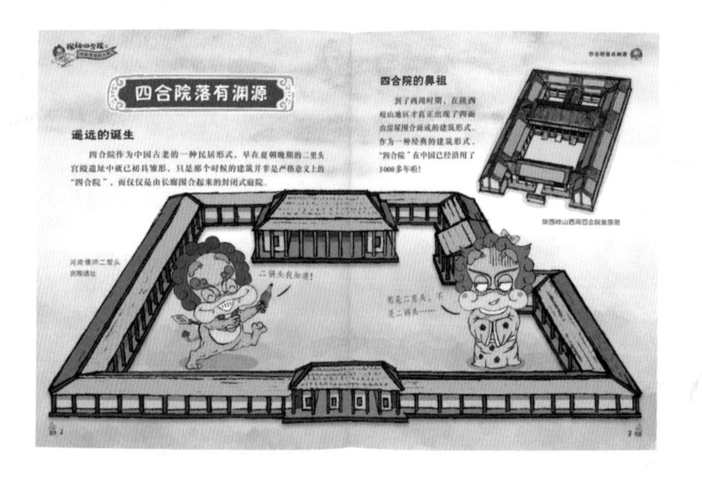

四合院落有渊源

遥远的诞生

四合院作为中国古老的一种民居形式，早在夏朝晚期的二里头宫殿遗址中就已初具雏形，只是那个时候的建筑并非是严格意义上的“四合院”，而仅仅是由长廊围合起来的封闭式庭院。

四合院的鼻祖

到了西周时期，在陕西岐山地区才真正出现了四面由房屋围合而成的建筑形式。作为一种经典的建筑形式，“四合院”在中国已经沿用了3000多年啦！

四合知识部分为本书正文部分，主要介绍与四合院有关的各类知识及故事，其中穿插有三个互动功能板块：渊鉴类函、梦溪笔谈、天工开物。

原为清代官修的大型类书，是古代的“数据库”。本书标记为“渊鉴类函”的内容为相关知识拓展，可以让小读者了解更多有趣的文化现象和知识。

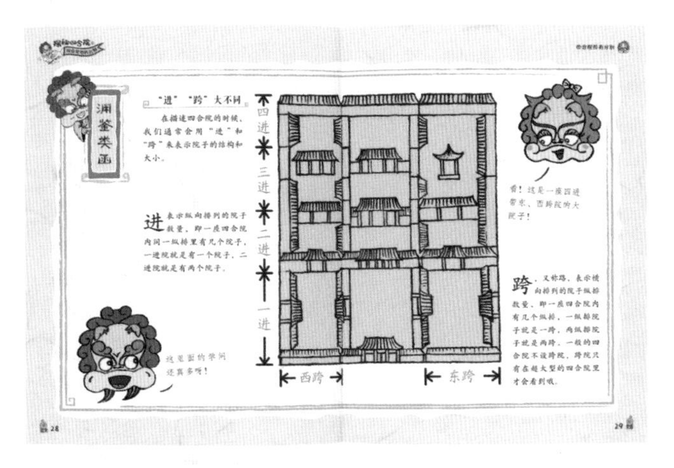

渊鉴类函

“进”“跨”大不同

在描述四合院的时候，我们通常会用“进”和“跨”来表示院子的结构和大小。

进 表示纵向排列的院子数量，即一座四合院内同一纵排里有几个院子，一进院就是有一个院子，二进院就是有两个院子。

跨，又称路，表示横向排列的院子纵排数量，即一座四合院内有几个纵排，一纵排院子就是一跨，两纵排院子就是两跨。一般的四合院不设跨院，跨院只有在超大型的四合院里才会看到哦。

28 29

原为北宋科学家沈括编写的一部涉及古代中国自然科学、工艺技术及社会历史现象的综合性笔记体著作，被称为中国古代的“十万个为什么”。本书标记为“梦溪笔谈”的内容为趣味知识互动问答，需要小读者进行大胆探索和猜测。

梦溪笔谈

世界上最长的游廊——颐和园长廊

颐和园长廊是世界上最长的游廊，这座建于200多年前的游廊以728米的长度和14 000余幅的彩画数量打破了吉尼斯世界记录，成为世界上长度最长、彩画最丰富的游廊。

颐和园

颐和园长廊上的彩画内容十分丰富，山水、花鸟、四大名著故事等都被描绘在了这728米长的长廊上。

颐和园长廊

22　　23

原为明朝宋应星编著的世界上第一部关于农业和手工业生产的综合性著作，被誉为“中国17世纪的工艺百科全书”。本书标记为“天工开物”的内容为手工互动体验，需要小读者动手动脑完成相关制作或体验活动。

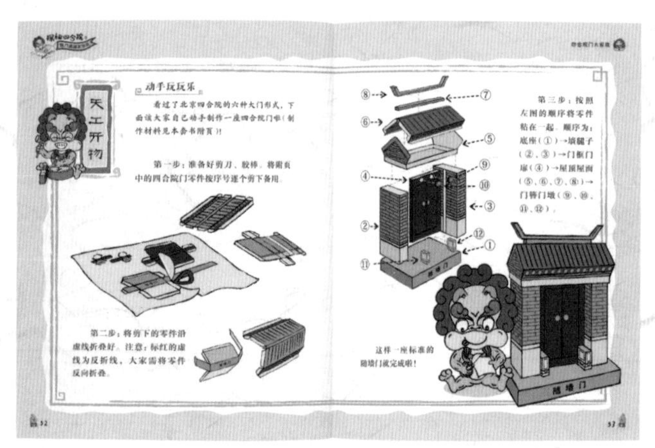

天工开物

动手玩玩乐

看过了北京四合院的六种大门形式，下面请大家自己动手制作一座四合院门楼（制作材料见本套书附页）!

第一步：准备好剪刀、胶棒，将附页中的四合院门零件按序号逐个剪下备用。

第二步：将剪下的零件沿虚线折叠好。注意：标红的虚线为反折线，大家需将零件反向折叠。

第三步：按照左图的顺序将零件粘在一起，顺序为：底座（①）→墙腿子（②、③）→门框门扉（④）→屋顶屋面（⑤、⑥、⑦、⑧）→门簪门墩（⑨、⑩、⑪、⑫）。

这样一座标准的随墙门就完成啦！

52　　53

目录

2 皇宫大院紫禁城

10 四合院还是要看王府大院

40 四合院里出名家

这座寺庙的样子
看起来和四合院
很像嘛！

四合院的形式很多，不少官府、寺庙、学校、会馆，甚至皇帝住的紫禁城其实都是四合院。只不过这些四合院更大、更复杂，人们走在其中，根本感觉不到这是四合院。

皇宫大院紫禁城

说紫禁城是“城”一点也不错，不过它更像是由许多个四合院组合而成的巨型四合院！皇帝住的养心殿是四合院，皇后和妃子们住的东西六宫也是四合院，太后住的慈宁宫还是四合院！

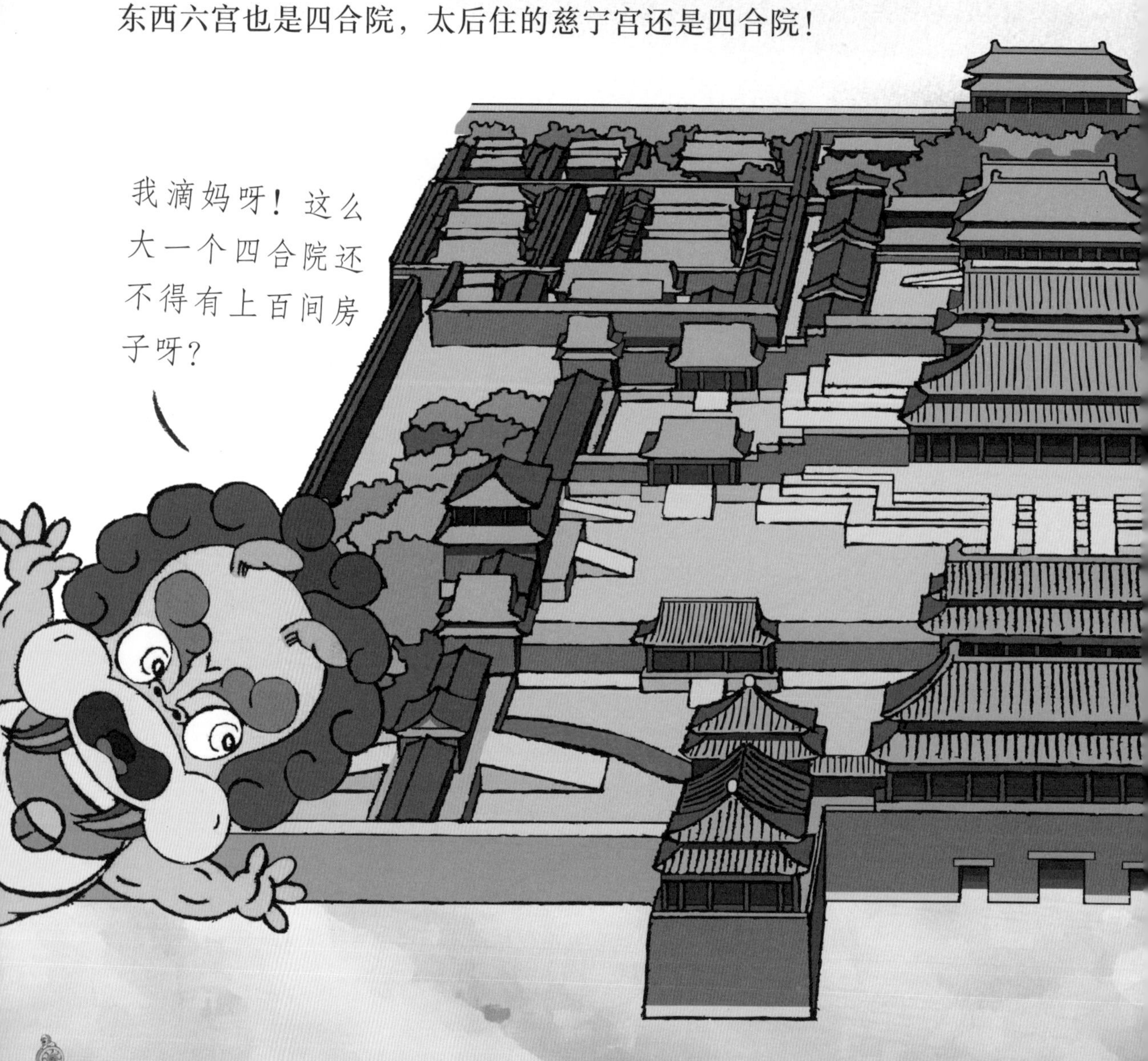

这紫禁城里可不止上百间房子。据统计，紫禁城里共有建筑980多座，房间8 700多间呐！

皇帝的大院——养心殿

皇帝作为一国之君，虽然高高在上，但他在紫禁城里居住的养心殿其实也是个四合院。这座院子的位置就在中轴线以西，乾清宫的旁边。

养心殿是一座“工”字形殿，前殿是皇帝理政的地方，后殿则是皇帝休息的寝宫。养心殿外的矮房子是侍卫值宿的值房。

后妃的大院——东西六宫

紫禁城里的后妃们住的也是独立的四合院，不过相比皇帝的养心殿，后妃们居住的四合院就要小多啦！由于紫禁城里妃嫔众多，因此供后妃们居住的四合院一共有12个，人们称之为“东西六宫”。

这12座宫殿分别是：

东六宫：景仁宫、延禧宫、承乾宫、永和宫、钟粹宫、景阳宫。

西六宫：永寿宫、太极殿、翊坤宫、长春宫、储秀宫、咸福宫。

图中的宫殿是西六宫中的太极殿和长春宫。这两座宫殿原本是相互独立的。咸丰九年（1859年）将两个院子连通，变成了一座四进四合院。慈禧太后就曾经在这里住过呢。

太后的大院——慈宁宫

慈宁宫是紫禁城里比较大的一座四合院，是专门为前朝的皇贵妃以及皇太后修建的一个院落。明朝时，这里是前朝皇贵妃居住的场所。清朝时，这里成为皇太后的居所。清康熙年间，孝庄皇太后就住在慈宁宫。

慈宁宫是一座两进四合院，周围还围绕着许多小四合院，供太妃、太嫔居住。慈宁宫正殿是太后举行典礼的殿堂，后殿是太后用来休息的寝宫，前后两进院落之间设有两座精美的垂花门。

四合院还是要看王府大院

在北京成百上千的四合院中，当属王府四合院的形式最多样、结构最复杂。相比普通百姓居住的四合院来说，王府四合院在功能上更丰富，房屋种类也更多。除了普通四合院有的正房、厢房之外，王府四合院里还有假山花园、亭台楼阁、戏台佛堂……而在所有王府四合院中，又属“铁帽子王”王府的规模最宏大、装潢最豪华。

清朝的十二位铁帽子王

清初期	礼亲王	豫亲王
	郑亲王	肃亲王
	庄亲王	睿亲王
	克勤郡王	顺承郡王
清中晚期	怡亲王	恭亲王
	醇亲王	庆亲王

哎，赳赳，“铁帽子”可不是这个意思哦，它是形容王爷头上用来表示爵位的帽子就像铁做得一样稳固，永远不会掉下来。

所谓“铁帽子”，其实是一种比喻，又称“世袭罔替”。在清朝，不是所有王爷的爵位都可以无限传下去。一般来说，王爷的爵位会一代一代降级。而对于那些曾对国家做出过重大贡献的亲王，皇帝则奖给他们一项特权，就是准许他们的爵位可以无限传下去，永远不会降级。

庄王府
睿王府
顺承郡王府
克勤郡王府

来来来！亲王们，
都站好了，该你
们出场啦！

礼王府

礼王府位于西黄城根南街7号、9号。王府规模庞大，房屋众多。老北京有句顺口溜："礼王府的房，豫王府的墙。"说的就是礼王府的房屋非常多！礼王府为三路多进四合院：其中中路有正门、银安殿、后罩楼等建筑；西路是花园；东路则是王爷及其家人休息生活的地方。礼王府的正门很气派，是五间三启门[①]的屋宇式大门，屋顶上铺的是绿色琉璃筒瓦，王府门前还有个大院子呢。

---

① 三启门：开三扇门。

王爷档案

礼亲王是清朝铁帽子王中最牛哒，被誉为“清代第一王”。第一位礼亲王是清太祖努尔哈赤的第二个儿子爱新觉罗·代善。之后爵位世袭一共传了十二代，先后共有十五人袭爵[1]，三人被夺爵。最后一位礼亲王是爱新觉罗·濬铭，袭爵时清王朝已经灭亡，而此时的礼王府也早已被卖掉。

① 袭爵：子孙继承父辈的爵位。

礼王府大门

礼王府正殿

礼亲王小故事

最没架子的礼亲王——爱新觉罗·世铎。据说当年大太监李莲英给世铎下跪行礼时，世铎居然回跪李莲英，作为还礼，这可真是闹了大笑话！要知道清朝的王爷是绝不能向一个身为奴才的太监下跪的！

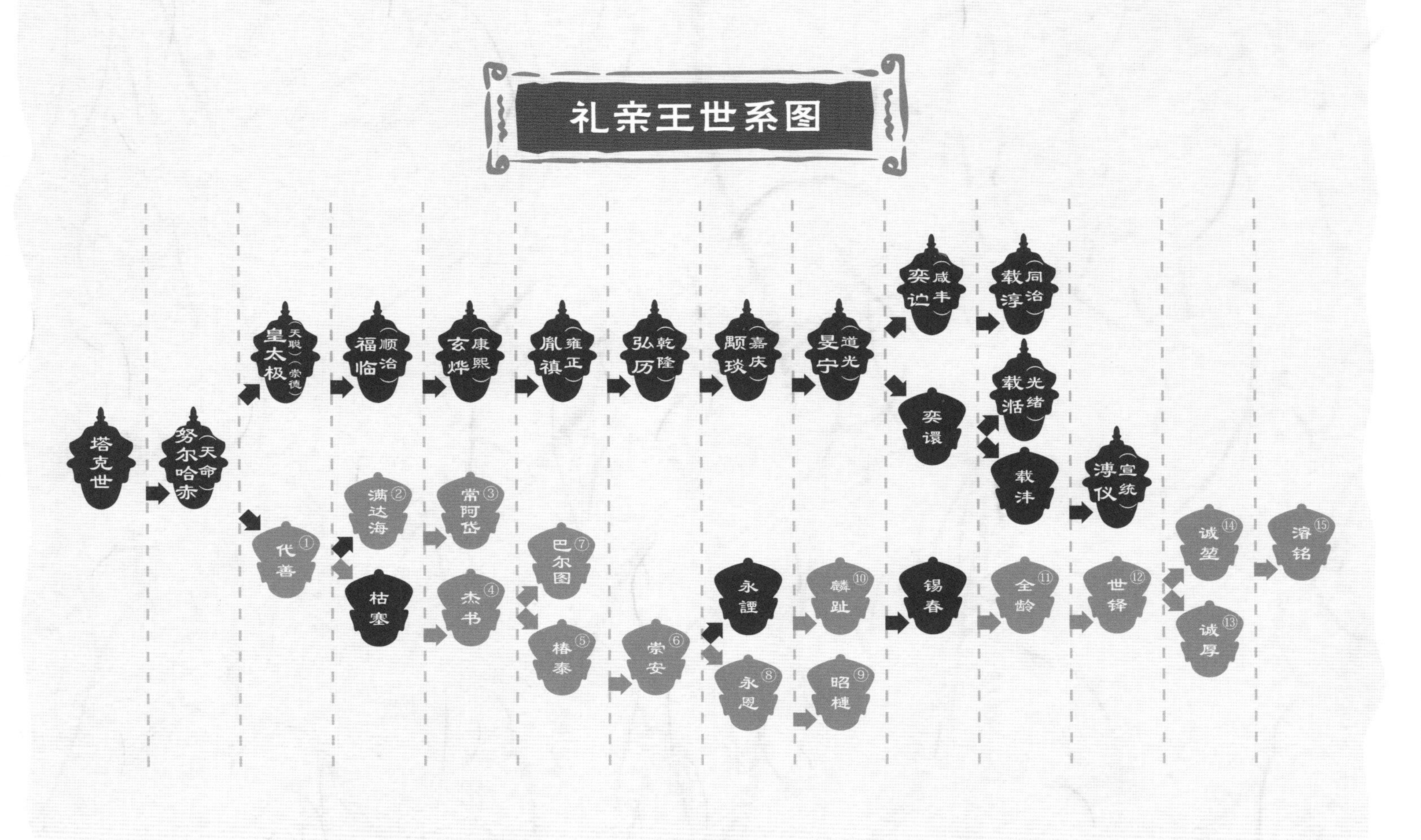

礼亲王世系图
塔克世
努尔哈赤（天命）
皇太极（天聪）（崇德）
福临（顺治）
玄烨（康熙）
胤禛（雍正）
弘历（乾隆）
颙琰（嘉庆）
旻宁（道光）
奕詝（咸丰）
载淳（同治）
奕譞
载湉（光绪）
载沣
溥仪（宣统）
代善①
满达海②
祜塞
常阿岱③
杰书④
巴尔图⑦
椿泰⑤
崇安⑥
永謜
永恩⑧
麟趾⑩
昭梿⑨
锡春
全龄⑪
世铎⑫
诚堃⑭
诚厚⑬
濬铭⑮
图例：
皇帝
袭爵王爷
未袭爵王爷

睿王府

睿王府在北京共有两处，一处是旧睿王府，是多尔衮受封时的府宅，在今东城区普度寺；另一处是新睿王府，是乾隆年间恢复睿亲王爵位后的新府，在今东城区外交部街。旧睿王府原为明代宫殿，后成为多尔衮的王府。当时的睿王府建造得非常雄伟气派，甚至超过了皇宫。多尔衮去世后，其爵位被削去，王府也被皇帝收回了。康熙年间，这里被改造成了玛哈噶喇庙。乾隆年间，这里重修后改名为普度寺。

王爷档案

睿亲王是清朝铁帽子王之一。第一位受封的睿亲王是努尔哈赤的第十四个儿子爱新觉罗·多尔衮。多尔衮去世后，睿亲王的封号被顺治皇帝剥夺。直到乾隆时期，多尔衮的后人才被皇帝恢复睿亲王的封号，世袭罔替。睿亲王一共传了十二代十三位，其中有五位是去世后被乾隆皇帝追封的。最后一位睿亲王是爱新觉罗·中铨。

普度寺山门

普度寺大殿

睿亲王小故事

最牛的睿亲王——爱新觉罗·多尔衮。作为睿亲王的始封者，多尔衮对清朝的贡献甚至比皇帝还要大！公元1628年，年仅16岁的他就跟随皇太极出征讨伐，屡获战功。皇太极去世后，多尔衮辅佐福临（顺治皇帝）即帝位，称摄政王。后带领清军入关，入主中原，帮助清朝完成了统一中国的大业。乾隆皇帝曾这样评价他：定国开基，成一统之业，厥功最著。然而令人唏嘘的是，这样一位征战沙场的亲王，最终却因一次狩猎，坠马不治而亡，年仅38岁。

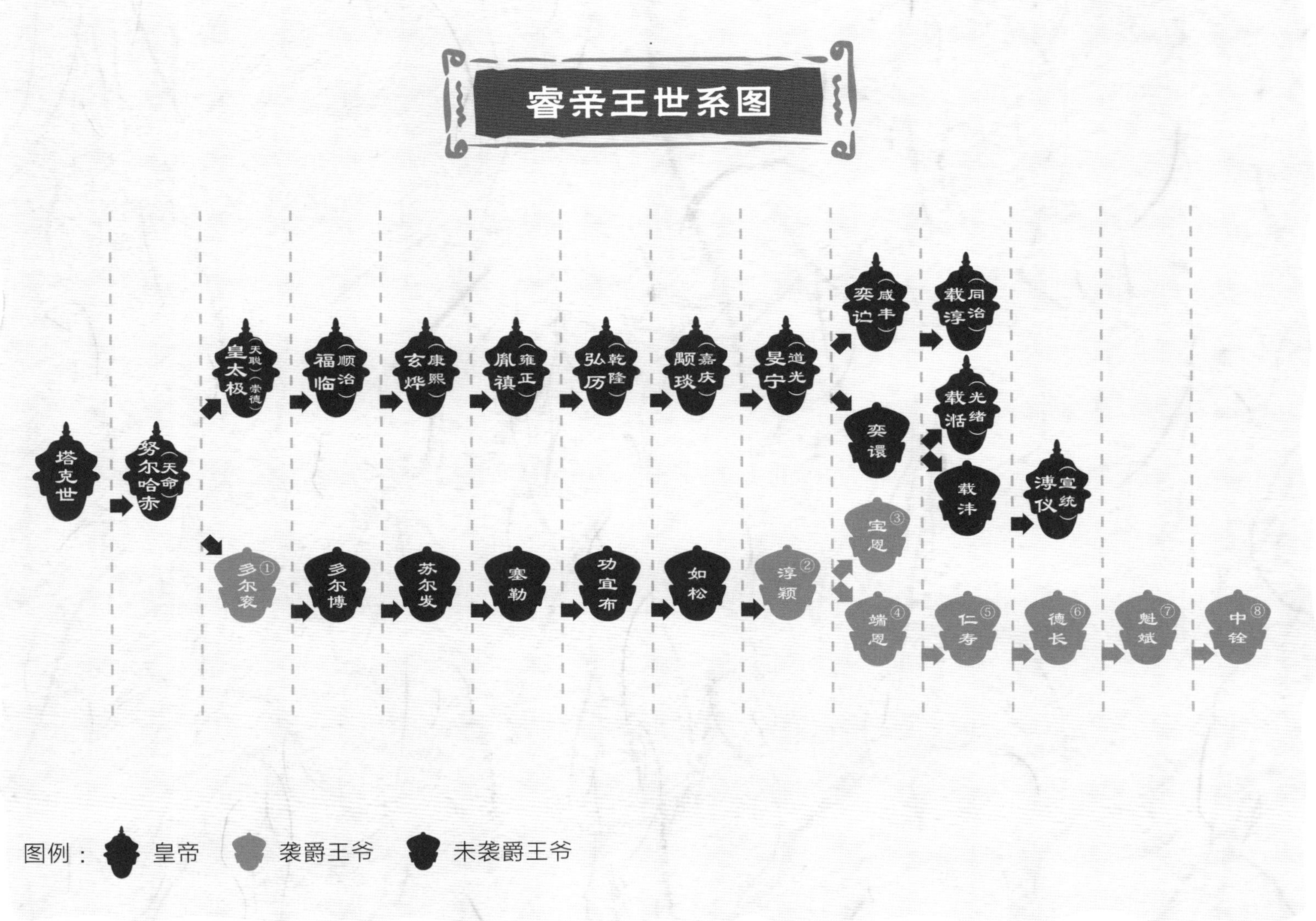

睿亲王世系图
塔克世
努尔哈赤（天命）
皇太极（天聪）（崇德）
福临（顺治）
玄烨（康熙）
胤禛（雍正）
弘历（乾隆）
颙琰（嘉庆）
旻宁（道光）
奕詝（咸丰）
载淳（同治）
奕譞
载湉（光绪）
载沣
溥仪（宣统）
多尔衮①
多尔博
苏尔发
塞勒
功宜布
如松
淳颖②
宝恩③
端恩④
仁寿⑤
德长⑥
魁斌⑦
中铨⑧
图例：
皇帝
袭爵王爷
未袭爵王爷

郑王府

郑王府位于西单大木仓胡同35号。从第一任郑亲王济尔哈朗开始，这座王府就一直在进行扩建。王府分为东、

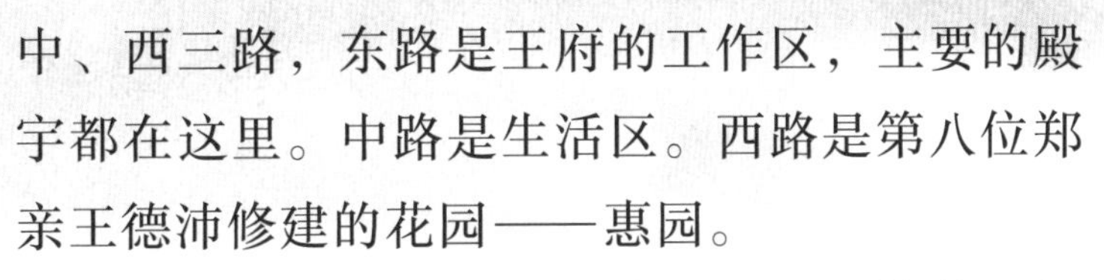

中、西三路，东路是王府的工作区，主要的殿宇都在这里。中路是生活区。西路是第八位郑亲王德沛修建的花园——惠园。

郑王府正门为五间三启门，屋顶铺的是绿色琉璃筒瓦。正门前有院子，院子东西两侧原有阿斯门。院子南侧有一座临街门，为三间三启门。这座门可不是原来就有的，它是1933年由中国大学建造的“校门”。

王爷档案

1636年努尔哈赤弟弟舒尔哈齐的儿子爱新觉罗·济尔哈朗被封为第一代郑亲王，之后济尔哈朗的儿子济度被改封为简亲王，并准许世袭罔替，成为清朝又一位“铁帽子王”。乾隆时期，封号又改回郑亲王。郑（简）亲王一共传了十代十七位，其中有八位郑亲王、九位简亲王。最后一位郑亲王是爱新觉罗·昭煦。

郑亲王小故事

最败家的郑亲王——爱新觉罗·昭煦。昭煦继承爵位时仅有3岁，而当他长大懂事后，清朝早已灭亡，此时的郑亲王只是空有其名。为了生计，昭煦先卖掉了祖宅祠堂，后又把郑王府抵押给洋人。最后无钱偿还，由当时的中国大学替他出钱还了债。郑王府就此变成了中国大学的校舍。

郑王府临街门

郑亲王世系图

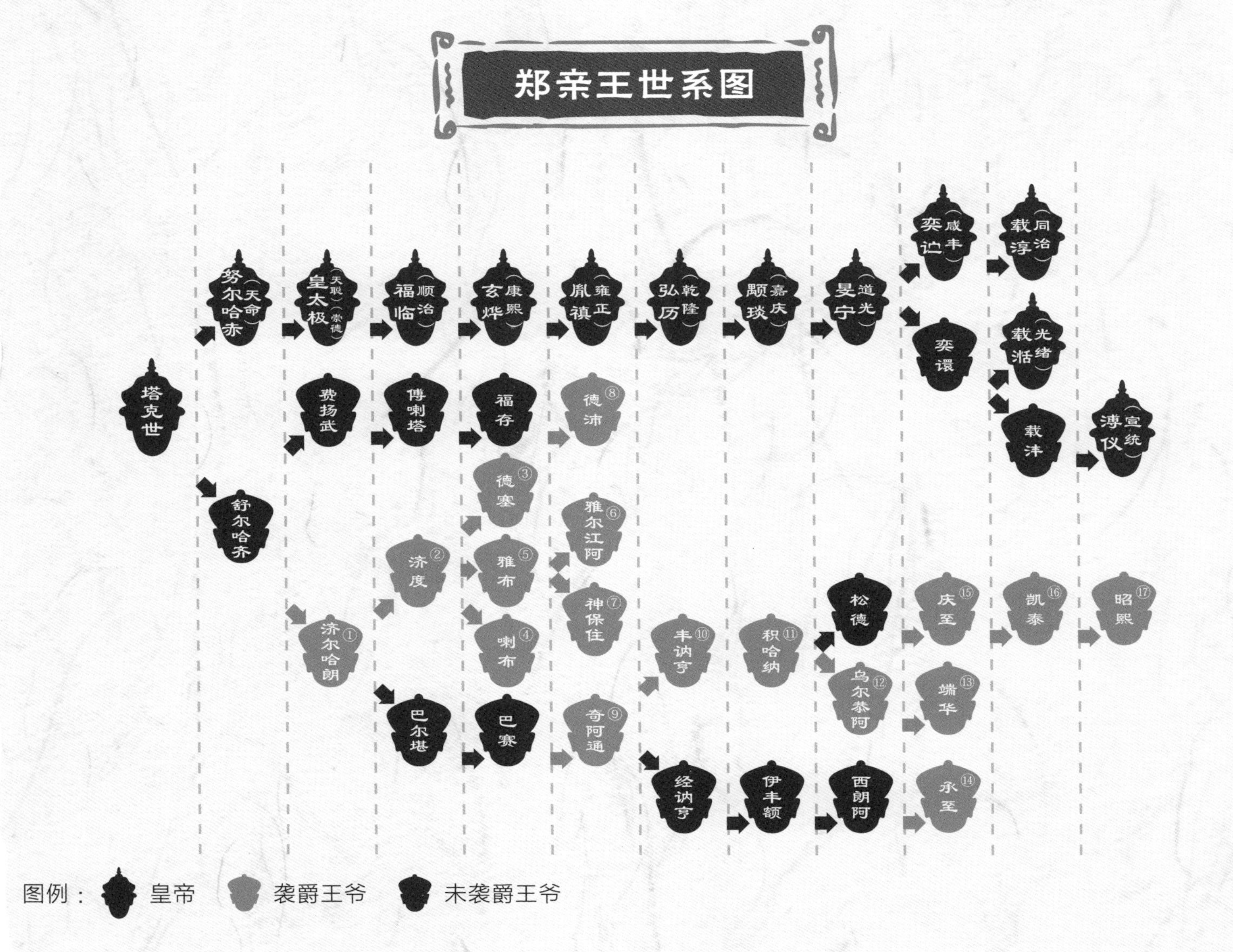

塔克世
努尔哈赤（天命）
舒尔哈齐
皇太极（天聪）（崇德）
费扬武
济尔哈朗①
福临（顺治）
傅喇塔
济度②
巴尔堪
玄烨（康熙）
福存
德塞③
雅布⑤
喇布④
巴赛
胤禛（雍正）
德沛⑧
雅尔江阿⑥
神保住⑦
奇阿通⑨
弘历（乾隆）
丰讷亨⑩
经讷亨
颙琰（嘉庆）
积哈纳⑪
伊丰额
旻宁（道光）
松德
乌尔恭阿⑫
西朗阿
奕詝（咸丰）
奕譞
庆至⑮
端华⑬
承至⑭
载淳（同治）
载湉（光绪）
载沣
凯泰⑯
溥仪（宣统）
昭熙⑰
图例：
皇帝
袭爵王爷
未袭爵王爷

克勤郡王府

克勤郡王府位于新文化街53号。王府占地面积不大，分为东、中、西三路，中路建有王府大门、银安殿、寝殿、后罩房等建筑；西路建有三进院落；东路建有五进院落，内含茶房、书房、祠堂等建筑。克勤郡王府大门在20世纪70年代被拆掉了，后于21世纪初重建。重建后的王府大门面阔五间，开三扇门，门、柱都是朱红色的，门上没有门钉，屋顶铺的是灰色筒瓦。王府门前没有院子，在路南建有一座大影壁。

王爷档案

克勤郡王是清朝铁帽子王中两位世袭郡王中的一位。1636年，第一代礼亲王代善的大儿子爱新觉罗·岳托被封为成亲王。第二年，岳托因获罪而被降爵。去世后，岳托被追封为第一代克勤郡王。岳托之子罗洛浑改封号为衍僖郡王，其孙罗科铎又改为平郡王。直到乾隆年间，才将封号改回克勤郡王，并得到了世袭罔替的特权。克勤郡王一共传了十三代十七位。最后一位克勤郡王是爱新觉罗·晏森。

克勤郡王府

克勤郡王小故事

拉黄包车的克勤郡王——爱新觉罗·晏森。作为末代郡王，晏森生活的时代早已不是大清的天下。此时的他只能靠变卖家产祖宅度日，家产败光后，无奈只得去拉黄包车维持生计。不成想买卖越做越好，成为“京城车王”，越来越多的人知道原来拉车的这位就是大名鼎鼎的铁帽子王！

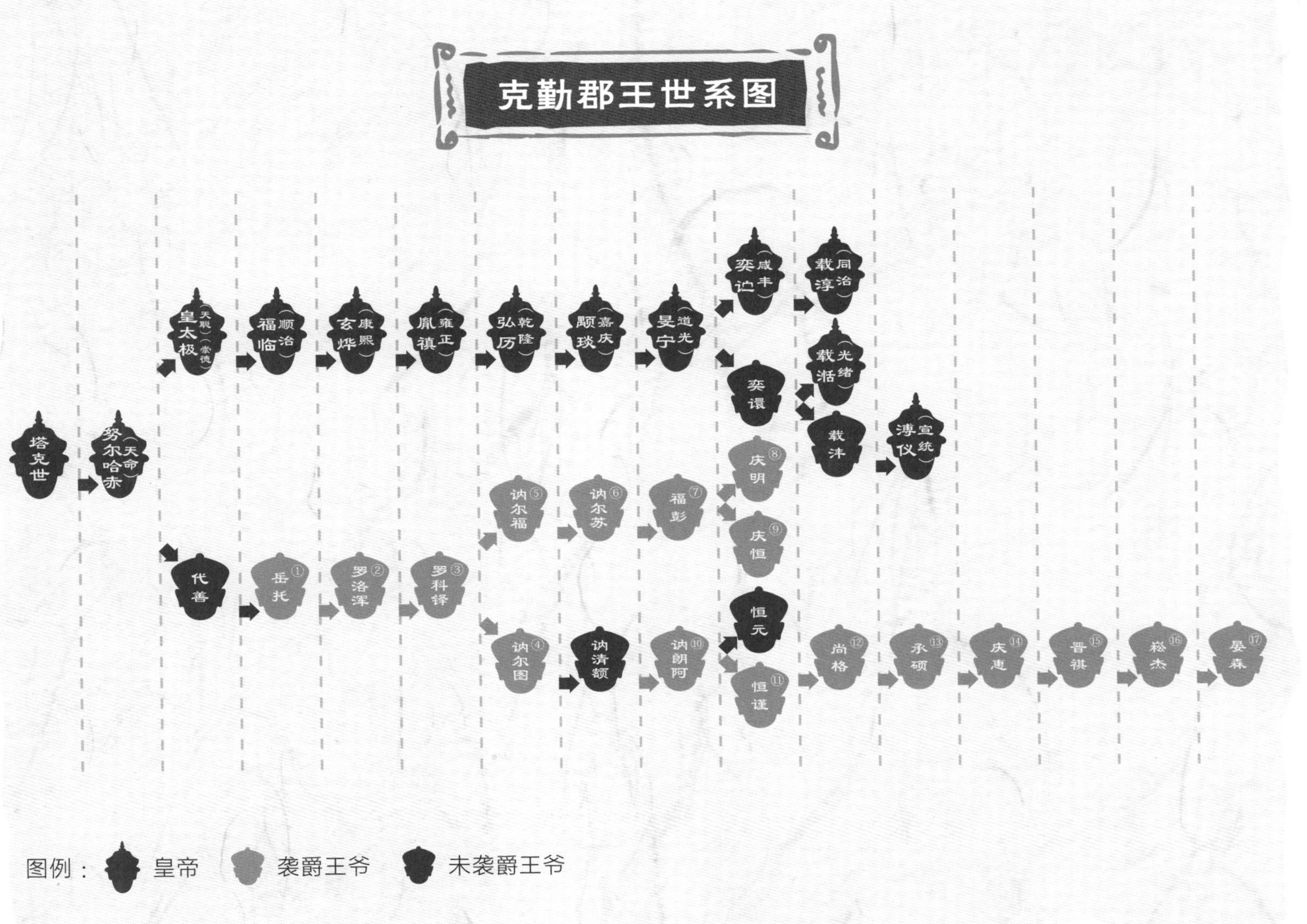
克勤郡王世系图
塔克世
努尔哈赤（天命）
皇太极（天聪 崇德）
福临（顺治）
玄烨（康熙）
胤禛（雍正）
弘历（乾隆）
颙琰（嘉庆）
旻宁（道光）
奕詝（咸丰）
奕譞
载淳（同治）
载湉（光绪）
载沣
溥仪（宣统）
代善
岳托①
罗洛浑②
罗科铎③
讷尔福⑤
讷尔苏⑥
福彭⑦
庆明⑧
庆恒⑨
讷尔图④
讷清额
讷朗阿⑩
恒元
恒谨⑪
尚格⑫
承硕⑬
庆惠⑭
晋祺⑮
崧杰⑯
晏森⑰
图例：
皇帝
袭爵王爷
未袭爵王爷

恭王府

恭王府位于北京市西城区前海西街17号，原为清乾隆时期大学士和珅的宅第，咸丰年间被赐予恭亲王奕䜣（xīn）。恭王府占地规模庞大，南为府邸，北为花园。南面的府邸为三路四进四合院。三路院落后面是极具特色的两层后罩楼。北面的花园名为萃锦园，花园中最有名的三处景观建筑是西洋门、福字碑和大戏台。恭王府正门为三间一启门，屋顶铺的是绿琉璃筒瓦，门上共有门钉七列九行六十三颗，正门前还有一对汉白玉石狮子呐。

王爷档案

恭亲王是在清朝中晚期受封的世袭罔替亲王。1850年，遵道光皇帝遗诏，封皇六子奕䜣为恭亲王。后于同治年间，亲王封号被准许世袭罔替。奕䜣去世后，因为他的大儿子载澄也已去世，所以只能由奕䜣之孙溥伟继承爵位。恭亲王仅传了四代三位，最后一位恭亲王是溥伟之子爱新觉罗·毓嶦。

恭王府西洋门

恭亲王小故事

改写晚清历史的恭亲王——爱新觉罗·奕䜣。1861年，咸丰皇帝驾崩，临终时任命肃顺等八位大臣为赞襄政务王大臣[①]，辅助五岁的皇子载淳登基。但因当时奕䜣与肃顺等人不和，故决定协助慈安和慈禧两位太后，发动辛酉政变，除掉辅政八大臣。就这样，本应是八大臣辅佐“祺祥”（同治皇帝的原年号）皇帝统治中国的封建清朝历史，变成了奕䜣做议政王、皇太后垂帘听政的近代中国历史。

恭王府花园

① 赞襄（xiāng）政务王大臣：辅助年幼皇帝处理朝政的王公大臣。

恭亲王世系图

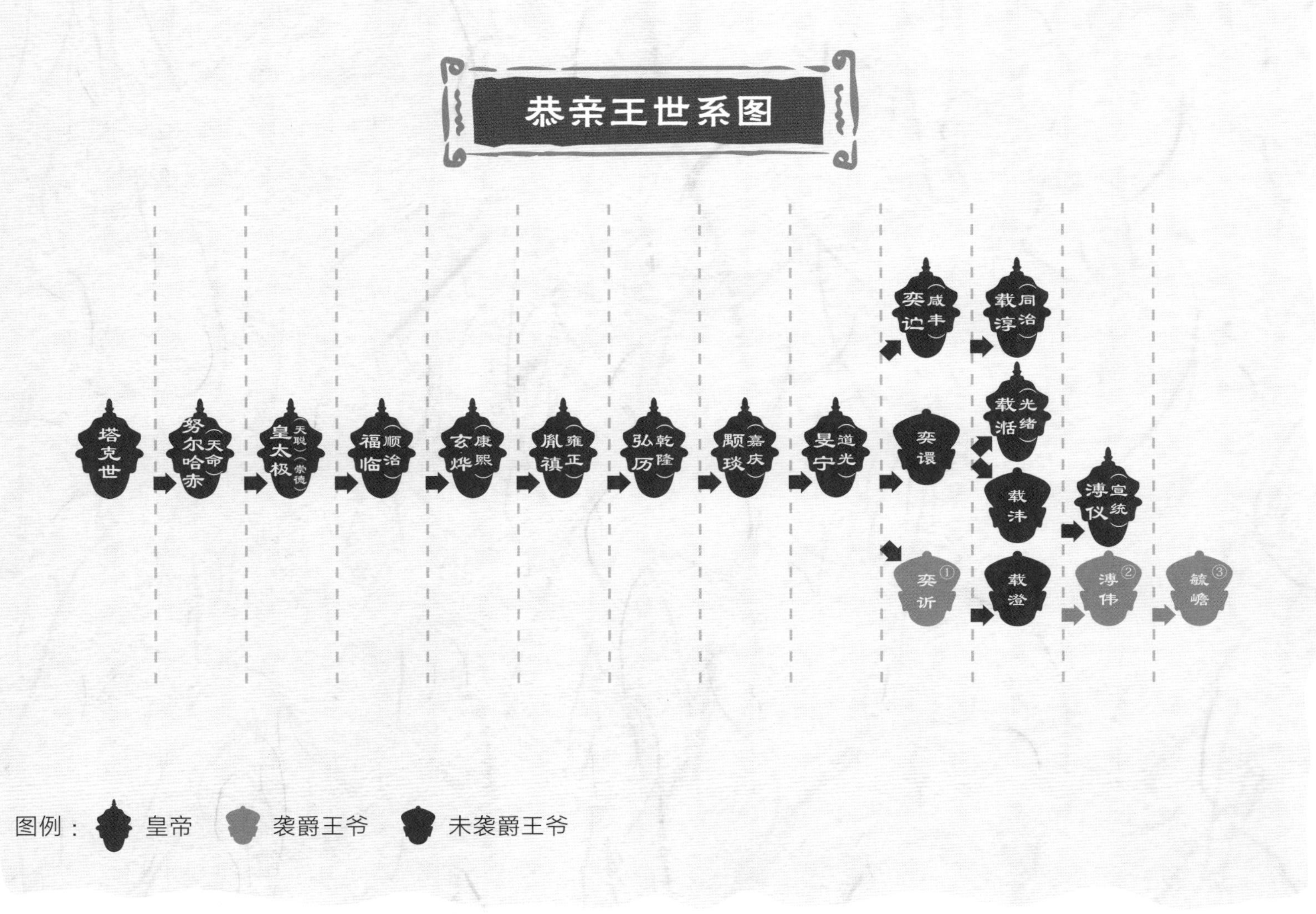
塔克世
努尔哈赤（天命）
皇太极（天聪）（崇德）
福临（顺治）
玄烨（康熙）
胤禛（雍正）
弘历（乾隆）
颙琰（嘉庆）
旻宁（道光）
奕詝（咸丰）
奕譞
奕䜣①
载淳（同治）
载湉（光绪）
载沣
载澄
溥仪（宣统）
溥伟②
毓嶦③
图例：
皇帝
袭爵王爷
未袭爵王爷

恭亲王失疆土

我国东北地区与俄罗斯远东滨海地区的国界线就是在恭亲王奕䜣主持签署的《中俄北京条约》中最终确定的。这个条约让中国失去了乌苏里江以东约40万平方公里的国土，这意味着中国自此失去了东北地区对日本海的出海口！

如今，大家有机会可以去位于吉林延边的防川国界景区游览参观。这里就是当年条约中划定的中俄国界，也是中国东北地区离海最近的地方。登高远眺，虽然日本海近在咫尺，但是无情的界碑却挡住了我们的去路！

天下第一“福”里究竟隐藏着哪些秘密？

在恭王府花园的秘云洞里，隐藏着一块青灰色的石碑，碑上刻有一个硕大的“福”字。这就是恭王府的“镇府之宝”——福字碑！这个福字由康熙皇帝亲笔所题，笔锋苍劲有力，大气洒脱。

与其他福字不同，这个福字除了“福”本身外，还暗藏了不少其他寓意呐！聪明的你快来开动脑筋，猜猜这个“福”字里都隐藏了哪些寓意吧！

福字内一共暗藏了五个字：多、才、子、田、寿，寓意多才、多子、多田、多寿、多福，其构思之巧妙，堪称一绝！难怪被誉为天下第一“福”呢！

书法练练笔

让我们来一起学写一下康熙皇帝御笔题的“福”字吧！

请将“福”字临摹在下方的田字格内，临摹时注意字体结构。

五颜六色送祝福：用你喜欢的颜色为下面这五个福字涂色。

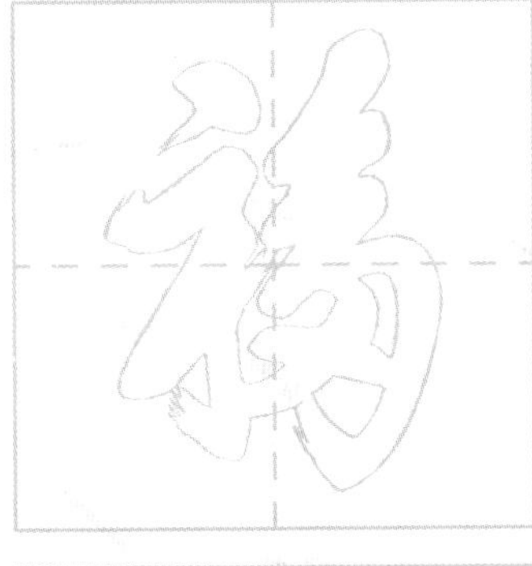

四合院里出名家

在四合院变大杂院的历史过程中，除了本地人之间进行买卖、出租外，也有不少外来人口选择在北京的老四合院里安家落户。在这些新入驻的“外来房客”中，不乏当时的一些社会名流，他们出于不同的目的来到北京，给北京这座古城带来了新的活力。下面，让我们一起来看看曾经都有哪些社会名流住过北京的四合院吧。

鲁迅故居

鲁迅在北京先后住过四个地方，阜成门内西三条21号（现门牌号为宫门口二条19号）是他在北京的最后一处住所。在1924年到1926年这两年的时间中，鲁迅在这里创作了《华盖集》《野草》等多部名篇佳作。散文《秋夜》中的那句“在我的后园，可以看见墙外有两株树，一株是枣树，还有一株也是枣树……”描绘的正是这座小四合院后园的场景。

在我的后园，可以看见墙外有两株树，一株是枣树，还有一株也是枣树……

老舍故居

老舍故居又称“丹柿小院”，老舍人生中最辉煌的16年就是在这个四合院里度过的。老舍先生是地道的北京人，生在北京、长在北京，创作的绝大部分作品都是和北京相关的。他创作的经典话剧《茶馆》《龙须沟》等就是在这座“丹柿小院”里完成的。另外，再告诉大家一个小秘密哦，老舍先生还非常喜欢猫，曾养过很多只猫，是位名副其实的“铲屎官”！

茅盾故居

茅盾先生的故居是一座不大的二进四合院，位于如今游人如织的南锣鼓巷地区。茅盾先生在这里走完了他人生的最后7年，也正是在这里，写下了他人生中的最后一部作品——回忆录《我走过的路》。

走进小院，细心的你会发现在院子中央有个方形葡萄架，这里就是当年茅盾先生陪小孙女打秋千的地方。

齐白石故居

这座隐藏在金融街高楼大厦间的四合院就是著名书画大师齐白石先生的故居，也是他一生中的最后一处居所。齐白石晚年“变法”后的许多书画作品都是在这里完成的。除了习字绘画外，这里还是当年齐白石先生与文人墨客聚会交流的地方。新中国成立后，周总理还曾多次到小院里看望齐白石先生呐。

梅兰芳故居

这里是京剧大师梅兰芳先生的老宅，也是他的出生地。年幼的梅兰芳在这里度过了并不快乐的童年时光，在他三岁的时候，父亲因病去世，全家因此失去了经济来源，不得不靠伯父挣钱维持生计。1900年迫于生计，家人无奈卖掉了老宅，年仅六岁的梅兰芳只得和家人一起租住在旁边胡同的一座小房子里。

侯宝林故居

眼前这个院子是著名相声表演艺术家侯宝林先生的故居。和老舍先生一样，侯大师也是地道的北京人，对北京城有着深厚的感情。1987年，70岁的侯宝林买下了东四头条的这座小院。虽然院子不大，装修也比较简朴，但侯大师却很享受这里清静安逸的生活，并在此创作了很多经典的相声段子。

说到侯大师的相声作品，赳赳我最喜欢的就是《北京话》，段子里全都是各种风趣幽默的北京方言，但可惜的是，这些老北京话现在已经很难再听到了。

还有这些历史名人也曾在北京的四合院里居住过呐。

程砚秋故居
西四北三条
39

谭鑫培故居
大外廊营胡同
1

谨以此书献给我最热爱的故乡——北京，

亦献给每一位热爱北京城的大朋友和小朋友们！

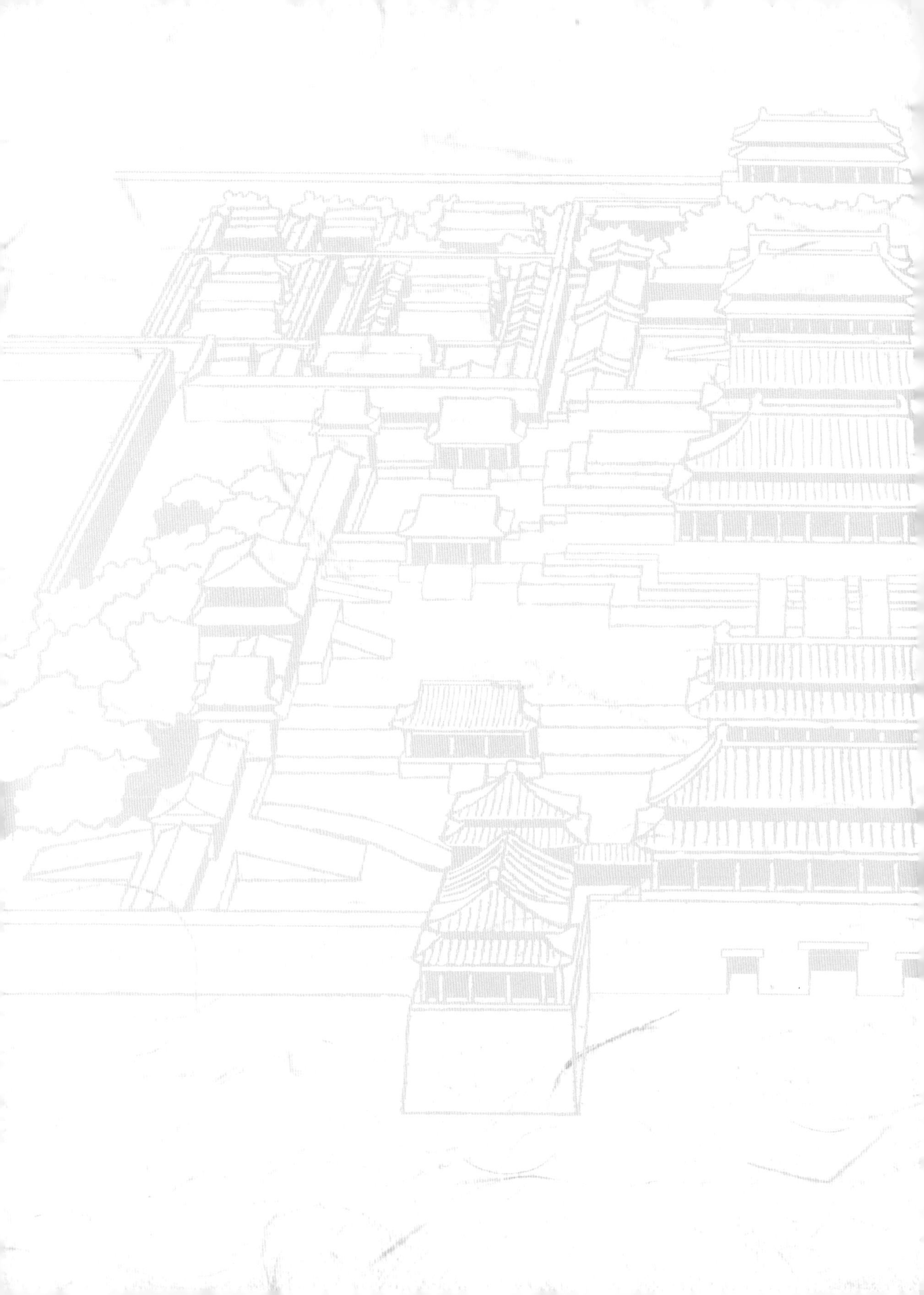

探秘四合院

3

院门座座不尽同

叶　木◎著

中国人民大学出版社

·北京·

图书在版编目（CIP）数据

探秘四合院. 3，院门座座不尽同 / 叶木著. -- 北京：中国人民大学出版社，2022.3

ISBN 978-7-300-30280-5

Ⅰ. ①探… Ⅱ. ①叶… Ⅲ. ①北京四合院－介绍②北京四合院－门－研究 Ⅳ. ①TU241.5

中国版本图书馆CIP数据核字（2022）第021809号

探秘四合院（3）——院门座座不尽同

叶 木 著

Tanmi Siheyuan (3)— Yuanmen Zuozuo Bujintong

出版发行	中国人民大学出版社		
社　　址	北京中关村大街31号	**邮政编码**	100080
电　　话	010-62511242（总编室）		010-62511770（质管部）
	010-82501766（邮购部）		010-62514148（门市部）
	010-62515195（发行公司）		010-62515275（盗版举报）
网　　址	http://www.crup.com.cn		
经　　销	新华书店		
印　　刷	北京瑞禾彩色印刷有限公司		
规　　格	185mm×240mm　16开本	**版　　次**	2022年3月第1版
印　　张	17.75　插页　2	**印　　次**	2022年3月第1次印刷
字　　数	195 000	**定　　价**	128.00元（全5册）

主角档案

男一号

姓名：赳赳

性别：男

原型：石狮子

年龄：保密

生日：庚午年三月初一

性格：威武雄健，精灵好动，贫嘴一枚，对一切充满好奇，能变化成各种人物角色，经常会闹出笑话，惹出乱子，人称“机灵鬼赳赳”。

名字起源于《诗经·国风·周南·兔罝（jū）》：赳赳武夫，公侯干城。

女一号

姓名：娈娈

性别：女

原型：石狮子

年龄：保密

生日：己巳年十月初二

性格：妩媚可爱，聪明善良，狮子界里的学霸！熟知中华上下五千年的历史，人称“万事通娈娈”。

名字起源于《诗经·小雅·甫田之什·车舝（xiá）》：间关车之舝兮，思娈季女逝兮。

使用秘籍

亲爱的小读者们，欢迎你们和赳赳、亟亟一起探索奇妙的北京城，一起解开隐藏在古老四合院里的千年未解之谜！

本书为互动百科类儿童读物，笔者建议各位小读者在家长的陪伴下阅读，并按照书中的提示完成相应的互动体验活动。

本书共分为两部分：漫画故事及四合知识。

在漫画故事部分，大家将在赳赳、亟亟两个小可爱的带领下，了解四合院的前世今生，领略四合院的独特风采，尤其是它们之间插科打诨、令人捧腹的趣味对白，相信会给你留下深刻的印象！

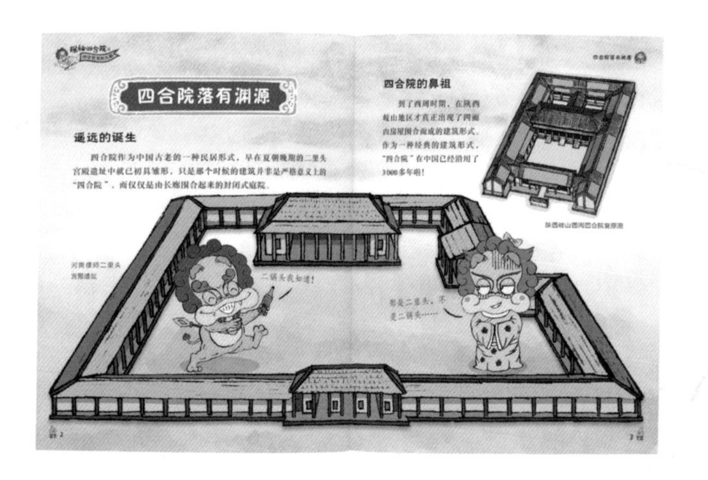

四合院落有渊源

遥远的诞生

四合院作为中国古老的一种民居形式，早在夏朝晚期的二里头宫殿遗址中就已初具雏形，只是那个时候的建筑并非是严格意义上的“四合院”，而仅仅是由长廊围合起来的封闭式庭院。

河南偃师二里头宫殿遗址

二锅头我知道！

那是二里头，不是二锅头……

四合院的鼻祖

到了西周时期，在陕西岐山地区才真正出现了四面由房屋围合而成的建筑形式。作为一种经典的建筑形式，“四合院”在中国已经沿用了3000多年啦！

陕西岐山西周四合院复原图

四合知识部分为本书正文部分，主要介绍与四合院有关的各类知识及故事，其中穿插有三个互动功能板块：渊鉴类函、梦溪笔谈、天工开物。

原为清代官修的大型类书，是古代的“数据库”。本书标记为“渊鉴类函”的内容为相关知识拓展，可以让小读者了解更多有趣的文化现象和知识。

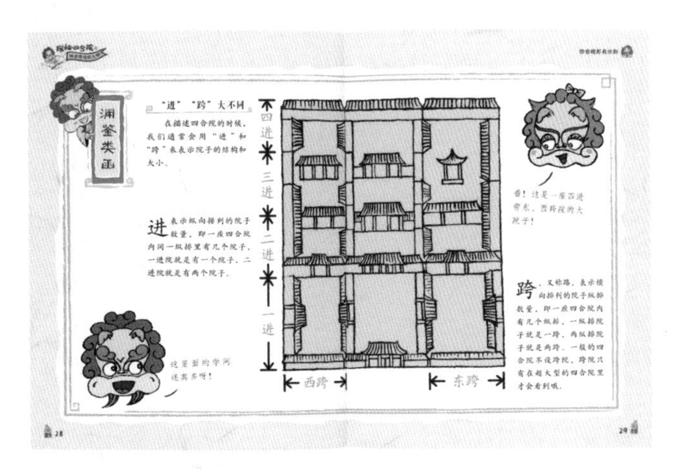

渊鉴类函

“进”“跨”大不同

在描述四合院的时候，我们通常会用“进”和“跨”来表示院子的结构和大小。

进 表示纵向排列的院子数量，即一座四合院内同一纵排里有几个院子。一进院就是有一个院子，二进院就是有两个院子。

跨，又称路，表示横向排列的院子纵排数量，即一座四合院内有几个纵排。一纵排院子就是一跨，两纵排院子就是两跨。一般的四合院不设跨院，跨院只有在超大型的四合院里才会看到哦。

28　29

原为北宋科学家沈括编写的一部涉及古代中国自然科学、工艺技术及社会历史现象的综合性笔记体著作，被称为中国古代的“十万个为什么”。本书标记为“梦溪笔谈”的内容为趣味知识互动问答，需要小读者进行大胆探索和猜测。

梦溪笔谈

世界上最长的游廊——颐和园长廊

颐和园长廊是世界上最长的游廊，这座建于200多年前的游廊以728米的长度和14 000余幅的彩画数量打破了吉尼斯世界记录，成为世界上长度最长、彩画最丰富的游廊。

颐和园长廊

颐和园

颐和园长廊上的彩画内容十分丰富，山水、花鸟、四大名著故事等都被描绘在了这728米长的长廊上。

22　23

原为明朝宋应星编著的世界上第一部关于农业和手工业生产的综合性著作，被誉为“中国17世纪的工艺百科全书”。本书标记为“天工开物”的内容为手工互动体验，需要小读者动手动脑完成相关制作或体验活动。

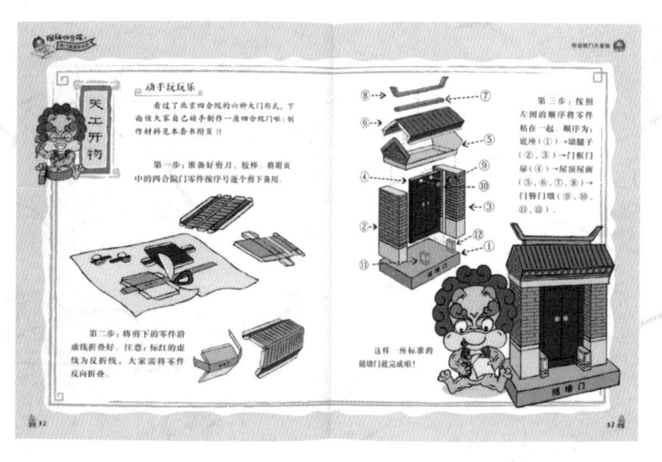

天工开物

动手玩玩乐

看过了北京四合院的六种大门形式，下面就大家自己动手制作一座四合院门吧（制作材料见本套书附页）!

第一步：准备好剪刀、胶棒，将附页中的四合院门零件按序号逐个剪下备用。

第二步：将剪下的零件沿虚线折叠好。注意：标红的虚线为反折线，大家需将零件反向折叠。

第三步：按照左图的顺序将零件粘在一起。顺序为：底座（①）→墙腿子（②、③）→门框门扉（④）→屋顶屋面（⑤、⑥、⑦、⑧）→门簪门墩（⑨、⑩、⑪、⑫）。

这样一座标准的随墙门就完成啦!

随墙门

52　53

目录

跨越千年的四合院，历史悠久。一座座斑驳的老院门，述说着往日的沧桑。昔日的王公贵族宅，如今已是寻常百姓家……

院门外的大讲究

北京的四合院，不论是院里还是院外，那可都是大有讲究的。从院外的上马石、拴马桩到院内的正房、厢房，每一处建筑结构都有着不同的功能和意义。四合院就像一个微型世界，你可以在这方小天地里找到和生活有关的一切场所。

这座四合院是一座标准的三进四合院。大家看一看这座院子里都有些什么建筑呢？

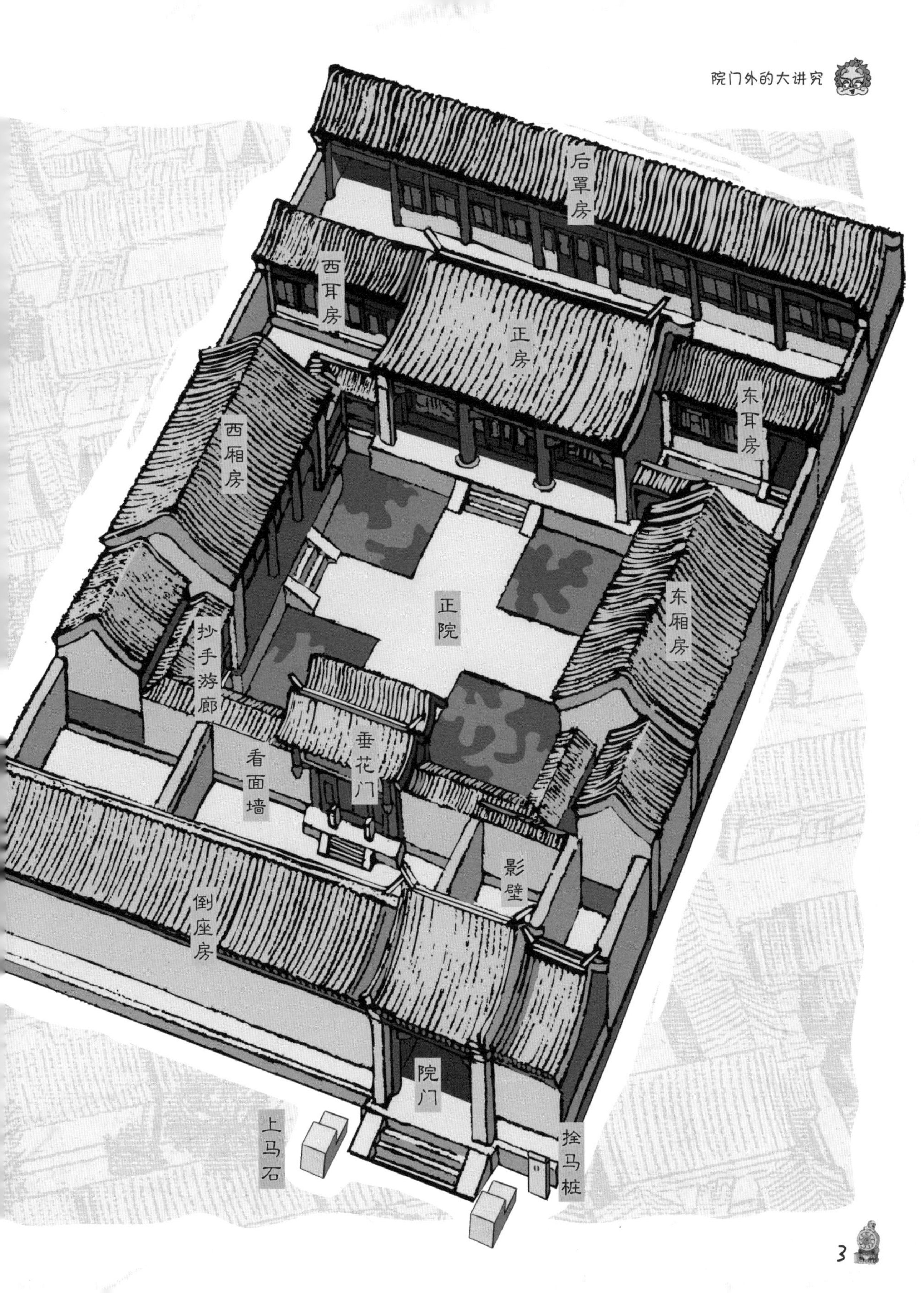
后罩房
西耳房
正房
东耳房
西厢房
东厢房
正院
抄手游廊
垂花门
看面墙
影壁
倒座房
院门
上马石
拴马桩

来往的过路人无须进门，只在院外看一看一些物件的大小、摆放的位置，就能大致猜出这家主人的身份和地位。

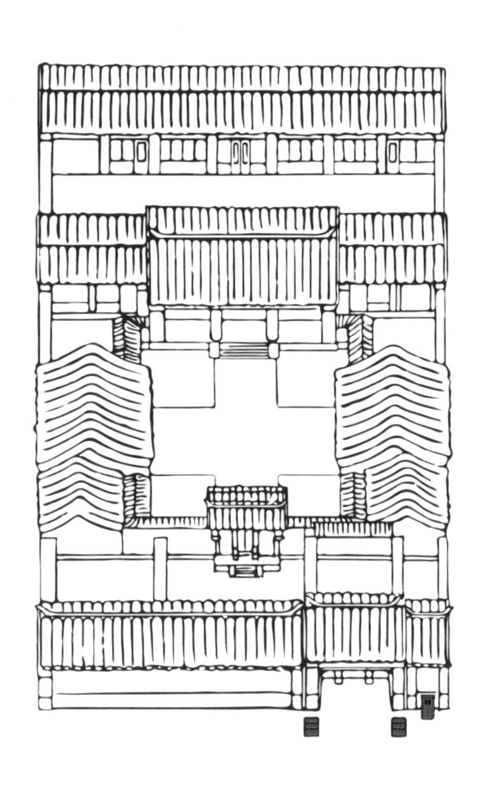

围着四合院转一圈，最有看头的就是这四合院的大门和大门前的摆设。北京的四合院大小不一，级别不同，门前的摆设自然也不一样。通常，老百姓家的院门前几乎没有什么摆设，而大宅门前的摆设，那可是相当讲究呢！

石敢当
泰山石敢當
拴马桩
上马石
呵，今儿这酱炸得不错呀，可没少放肉丁儿，咸淡还正好嘿！

老槐树

作为胡同里几百年来一直延续下来的树种，老槐树恐怕是最能勾起一代又一代老北京人情怀和回忆的东西了。每逢春夏交替的时节，满地的槐花更是把老胡同装扮得韵味儿十足。

四合院门口的老槐树

泰山石敢当

石敢当

石敢当是一块刻有“泰山石敢当”五个字的小石碑，一般放在院门前或嵌在倒座房的外墙里。不过这个小石碑可不是用来拴马的，而是用于“驱鬼灭灾、辟邪镇宅”的。

上马石

上马石一般安放在高等级院门前左右两侧，是为方便官员上下马而设置的。清朝时期，出于骑马狩猎的民族习惯，朝廷规定：所有官员，不论文武，出行时均须骑马，以不忘祖先遗风。

上马石

独立式拴马桩

拴马桩

拴马桩通常是和上马石配套出现的，是用来栓系马匹的一个装置。拴马桩主要分为两种：独立式和石洞式。独立式拴马桩一般是一块石碑，被安放在离上马石不远的墙根处。而石洞式拴马桩一般设置在院门旁边倒座房的外墙上。这种拴马桩其实就是在墙上挖了一个洞，在洞中装上一个铁环，用来拴马。

石洞式拴马桩

了解了门前的上马石、拴马桩，我们再来看看这四合院的“脸面”——院门。赳赳，你知道都有哪些和四合院门相关的成语吗？

四合院门大家族

院门是四合院中最讲究的一处建筑，人们可以通过院门的大小、宽窄来判断主人的身份和地位。从院门的装饰甚至还能看出主人的品级和行业呢！

这个嘛，还真难住我了。

俵大的北京城，分布着上千座四合院，这些四合院中，既有皇亲国戚居住的“王府宅邸”，也有平民百姓居住的“丹柿小院”，他们的四合院门都有着怎样的区别呢？

清朝时期，实行满汉分城政策，满族八旗子弟居住于内城，而汉人则在外城居住生活。这样一来，由于在内城生活的清朝贵族及官员的身份、地位都比在外城生活的汉人百姓高，因此内城的大多数四合院要比外城的四合院更宽大、更气派，院门等级也更高，装饰也更精美。

北京的四合院门根据主人的身份和地位可分为六种形式：王府大门、广亮大门、金柱大门、蛮子门、如意门和随墙门。其中王府大门、广亮大门、金柱大门、蛮子门和如意门多出现在内城，而随墙门则多出现在外城。

郑王府——王府大门

黑芝麻胡同13号——广亮大门

田汉故居大门——金柱大门

东四八条19号——蛮子门

盛芳胡同1号——如意门

随墙门

在学习了解各类院门前，下面这些词可要敲黑板，划重点哦！

墀头、象鼻枭、正脊、垂脊、山墙、雀替、倒挂楣子、走马板、檩、枋、余塞板、门楣

王府大门：等级最高的四合院门

王府大门是所有四合院门中等级最高的，只有皇族才可以建造。一般百姓不论多么富有都不允许建造这种大门。建造王府大门必须要根据院主人爵位的高低，按照《钦定大清会典则例》中的相应规定来建造。爵位越高，大门建造得越气派。

欽定大清會典則例

順治九年題准親王府基高十尺外周圍牆正門廣五間啟門三正門及寢殿綠色琉璃瓦凡正屋正樓門柱均紅青油飾每門金釘六十有三　世子府制基高八尺正門一重正屋四重正樓一重其間數修廣及正門金釘正屋壓脊均減親王七分之二餘與親王府同　郡王府制與世子府同　貝勒府制基高六尺正門三間啟門一餘與郡王府同　貝子府制基高二尺正門三間啟門一餘與貝勒府同

《钦定大清会典则例》

呃，怎么建造王府大门还有这么多规矩啊？还分什么亲王、郡王、贝勒、贝子……这些都是什么意思啊？看得我都晕了……

亲王、郡王、贝勒、贝子是什么？

清朝皇室支系庞杂，人口众多。在这么多皇亲国戚中，有的征战沙场，建言献策，有很大的贡献；有的则好吃懒做，花天酒地，败坏皇族名声。

针对这些现象，清朝政府根据每位皇族成员的功过，将清朝宗室划分为十二个等级，并分封不同的爵位。这样，一来可以奖励那些有功于国家的皇族；二来可以激励那些不求上进的花花公子为国效力。

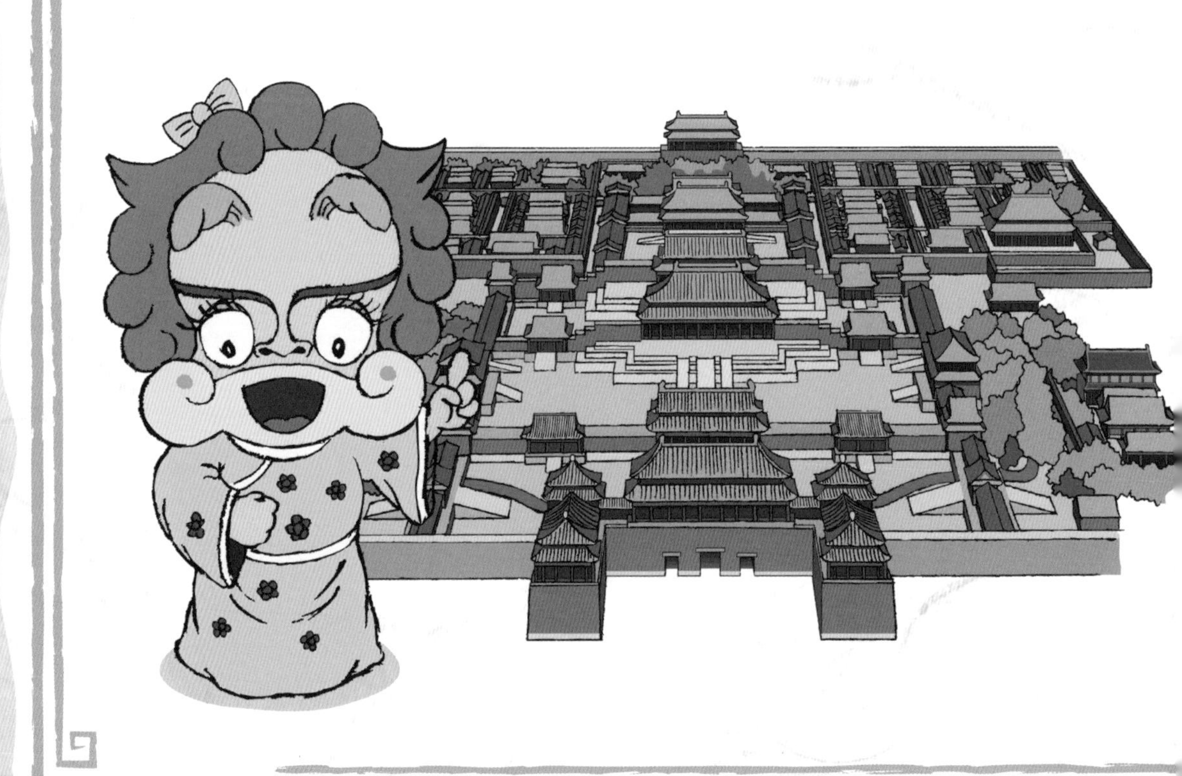

清朝宗室十二爵位的排序

1. 和硕亲王

2. 多罗郡王

3. 多罗贝勒

4. 固山贝子

5. 奉恩镇国公

6. 奉恩辅国公

7. 不入八分镇国公

8. 不入八分辅国公

9. 镇国将军（职）

10. 辅国将军（职）

11. 奉国将军（职）

12. 奉恩将军（职）

屋顶

王府大门的屋顶因府主人爵位的高低而有所不同，一般来说，亲王府和郡王府大门等级最高，铺的是绿色琉璃筒瓦①，屋顶的四条垂脊②上也会安装小神兽。而贝勒府大门只能用平常筒瓦。贝子府大门则等级更低，只能用板瓦。

门前

王府大门前一般都有一个大院子，院子两侧建有两个角门，叫阿斯门。门前设有石狮子、灯柱、拴马桩以及辖禾木③。但有些王府受实地条件所限，会在大门前建造一座巨大的影壁，来代替门前的大院子。

彩绘

王府大门的檩[4]、枋[5]、雀替[6]都绘有精美的彩色图案，这些图案也会因王府等级不同而有所差异。亲王府大门用贴金彩绘五爪龙；郡王府用贴金彩绘四爪龙；贝勒府用贴金彩绘花草；而贝子府只能用贴金彩绘细小花草。

门扇

门扇通常有两种形式，一种是面阔[7]五间房，开三扇门；另一种是面阔三间房，开一扇门。

---

①筒瓦：圆筒样子的瓦片。

②垂脊：古代房屋屋顶上与正脊垂直的屋脊。

③辖（xiá）禾木：俗称"木叉子"，是用来阻拦行人的木架子。

④檩（lǐn）：古建筑中架在房梁上托住椽子的横木。

⑤枋（fāng）：古建筑中在柱子之间起连接和稳定作用的方木。

⑥雀替：古建筑中安放在梁和柱交接处，用来承托梁、枋的木构件。

⑦面阔：古建筑正面的总宽度（一般通过柱子来计算，每两根柱子之间称为"一间"）。

成语连连看

和四合院门相关的成语有很多，大家快来帮帮赳赳，把下面的成语和相应的图片及含义相互连起来。

祸乱发生在家里，比喻内部发生祸乱。

门槛都踩破了，形容进出的人很多。

做了官，出人头地，家里人都跟着沾光。

红漆大门和雕绘华美的门户，比喻富贵人家妇女的住处，也借指富贵人家。

朱门绣户

祸起萧墙

门当户对

户限为穿

光耀门楣

大门口的门墩和门框上的门簪。旧时指男女双方家庭的社会地位和经济情况相当，结亲很适合。

广亮大门：敞敞亮亮的大门

看过了气派的王府大门，我们再来看看文武百官们居住的四合院门又是什么样子的。

相比高大宽阔、绿瓦红柱的王府大门，官员们建造的四合院门就要小多了，即使是高品级官员才能建造的广亮大门，它的个头也不及王府大门的一半。广亮大门因门扇开在屋脊正下方，门前给人以敞敞亮亮的感觉，故而得名。

方家胡同13号

屋顶

屋顶属于硬山式屋顶，大部分屋顶为灰色合瓦屋面①，少部分为筒瓦屋面。正脊②主要有清水脊③和元宝脊④两种形式，垂脊则主要是披水排山脊⑤。

门前

广亮大门大多建在台基上，门前通常会有台阶。大门前一般会安放上马石，门旁的墙上会设有拴马桩。讲究的人家，还会在门两侧建造反八字影壁呢。

①合瓦屋面：古建筑中铺设屋顶的一种方法，是将弯弯的瓦片一正一反交错叠放铺成的屋顶。

②正脊：古代房屋屋顶上最高的水平方向屋脊，位于屋顶前后两坡相交处。

③清水脊：古建筑中正脊的一种形式，主要特征是屋脊两端有翘起的“小尾巴”。

④元宝脊：古建筑中正脊的一种形式，主要特征是两个屋面相交处没有明显的屋脊，而是做成了弧形。

⑤披水排山脊：古建筑中垂脊的一种形式，是用披水砖砌成的垂脊。

大门 大门安装在门房的中柱上，也就是正脊的正下方，将整座门前后等分为大小相同的两个空间。大门由抱框①、余塞板②、走马板③、门槛、门墩、门簪等组成。门扉④和门柱一般涂成朱红色，门上不能安设门钉。

门墩门簪 门墩和门簪几乎是所有四合院门中必有的两个元素。广亮大门的门墩多为抱鼓形（圆形），个头比较大。门簪则安装在门楣⑤上，通常为四个。

前后厅 广亮大门的前后有比较宽敞的门厅。前厅两侧的前檐柱上部通常会装有雀替，后厅两侧的后檐柱上部则装有倒挂楣子⑥。

---

①抱框：古建筑中紧贴柱子或枋的木构件，主要用于弥补门窗等制作安装时产生的误差。

②余塞板：古建筑中用来堵塞门框与抱框之间空隙的木板。

③走马板：古建筑大门上边用来填塞中槛与上槛之间空隙的木板。

④门扉（fēi）：门扇。

⑤门楣：古建筑中门框上部的横梁。

⑥倒挂楣子：古建筑中安装于（后）门廊或游廊柱间上部的一个木构件，主要起装饰作用。

北京城里的广亮大门

说到北京城里的广亮大门，那还真是不少呢。快来跟赳赳一起骑上自行车，去看看那些隐藏在北京胡同里的广亮大门吧！

走了一圈，大家发现什么规律了吗？没错，这些能住在广亮大门里的人基本都是高品级（一品、二品）的官员哦！

金柱大门：比例最美的大门

金柱大门的外形和广亮大门非常相似，只是在个头和大门的进深上略有差别。与广亮大门一样，金柱大门也是官员们才能建造的一种大门形式，只不过住在金柱大门里的官员品级相对较低，官职相对较小。

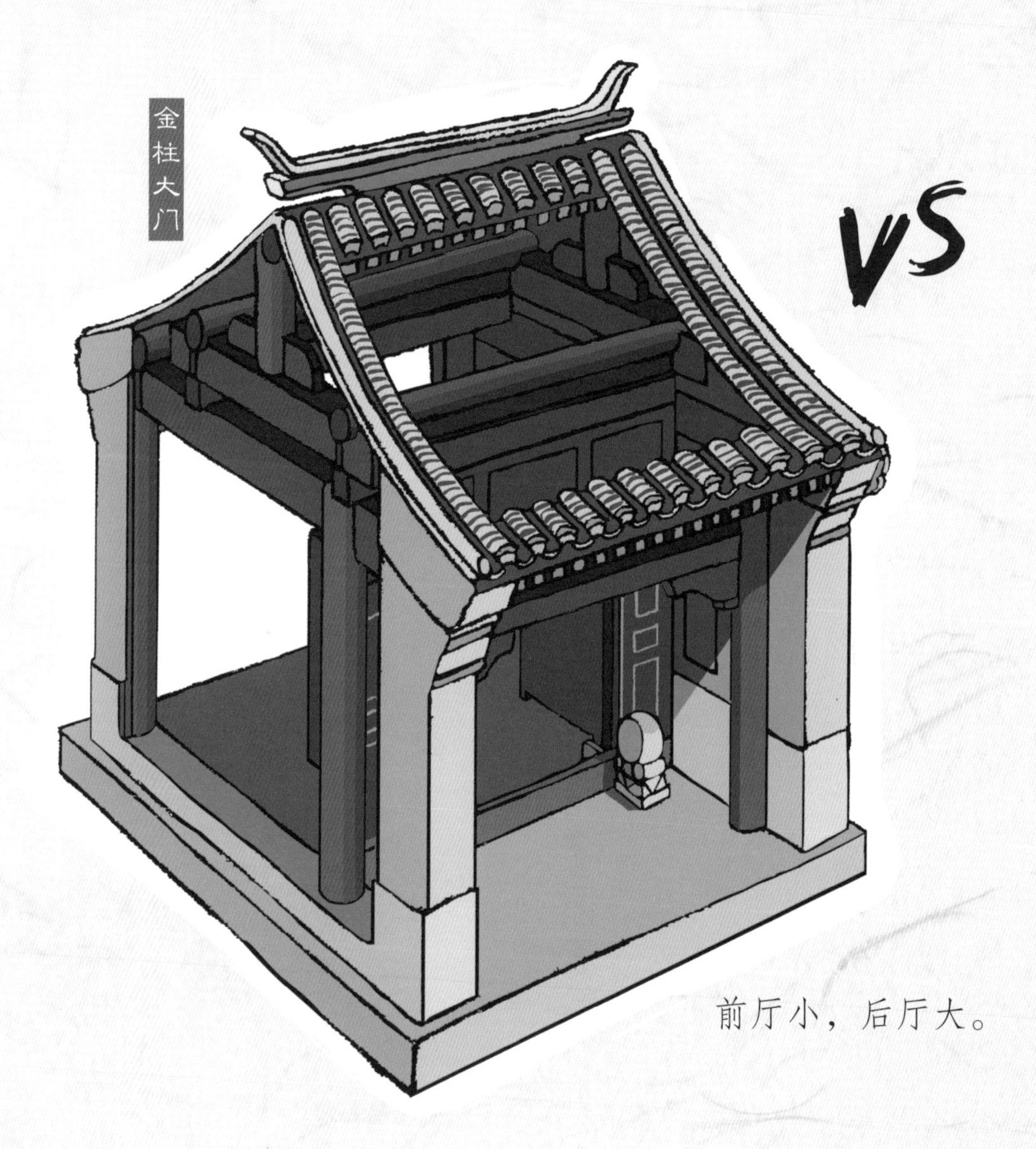

前厅小，后厅大。

广亮大门
前、后厅大小相同。
金柱大门和广亮大门最大的区别就是前、后厅大小不同。

屋顶

屋顶与广亮大门基本相同，铺的也是灰色合瓦。屋脊多使用清水脊（正脊）和披水排山脊（垂脊）。正脊和垂脊上不能安放小神兽作装饰。

门前

由于金柱大门四合院多为低品级官员居住，因此门前的装饰物相对较少，一般只设台阶，部分会安放上马石。门前影壁不太多见。

大门

金柱大门的门扇不像广亮大门那样安在中柱上，而是向前推进了一米左右，安在了中柱与前檐柱之间的金柱上。这样一来，金柱大门的前厅相较广亮大门就显得比较小，而且窄。

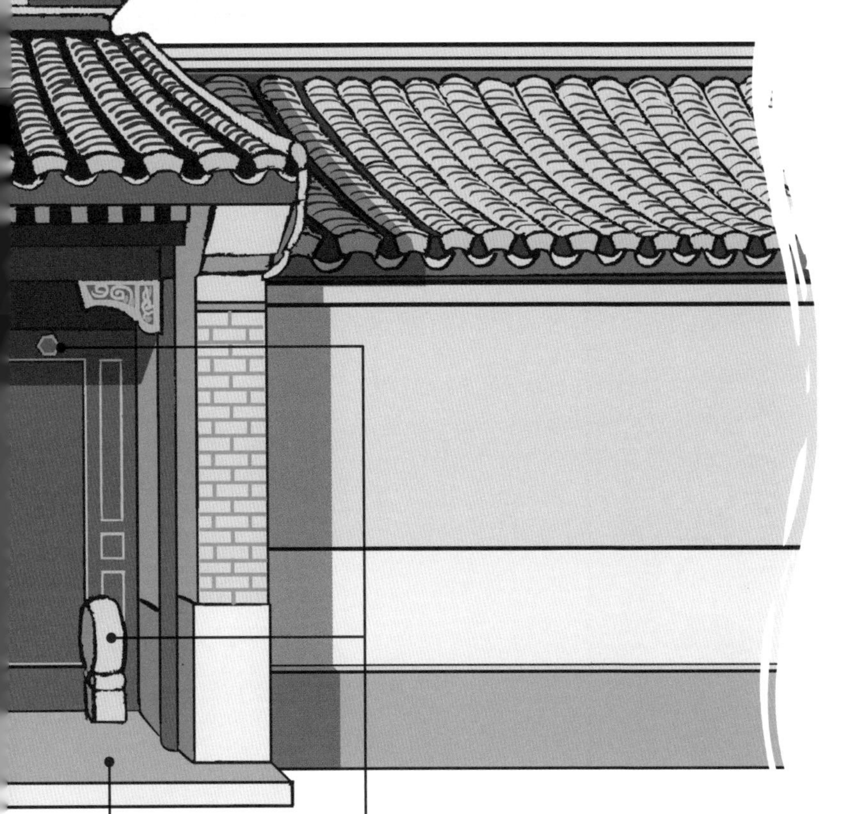

门墩门簪

金柱大门的门墩多为抱鼓形(圆形)，少部分是箱子形(方形)，体量上不及广亮大门。门簪与广亮大门一样，通常为四个，上方可悬挂匾额。

前厅

金柱大门的前厅因门扉前移，所以其面积要小于后厅，一般是后厅的三分之一。前、后厅的檐柱上部分别装有雀替和倒挂楣子。

金柱大门中的“金柱”是什么意思？是黄金做的门柱吗？

其实，金柱并不是黄金做的柱子，而是因为它在建筑物中处于“黄金分割点”的位置，需要靠它支撑建筑梁架的重量，因此而得名。

北京城里的金柱大门

金柱大门多为品级较低的官员所建造，在北京的内城里经常会见到它们的身影。虽然当年门内居住的都是有头有脸的“人物”，但如今这些宅院都早已变成寻常百姓家了。

细管胡同9号

细管胡同11号

干面胡同45号

蛮子门：一点也不野蛮

蛮子门是四合院门等级中排名第四的院门。相比广亮大门和金柱大门，蛮子门最大的特点就是大门前没有门厅，没有进深，大门临街而建。有些蛮子门体量较小、较窄，称“小蛮子门”。

像我这样的富商、老板都可以建造蛮子门。
广亮大门
蛮子门
VS
金柱大门

瞧瞧，这可是正经的高档货，质量上乘。
咣当

屋顶

蛮子门的屋顶为硬山式，铺的也多为灰色合瓦。屋脊使用清水脊（正脊）和披水排山脊（垂脊）。正脊和垂脊上不安放小神兽。

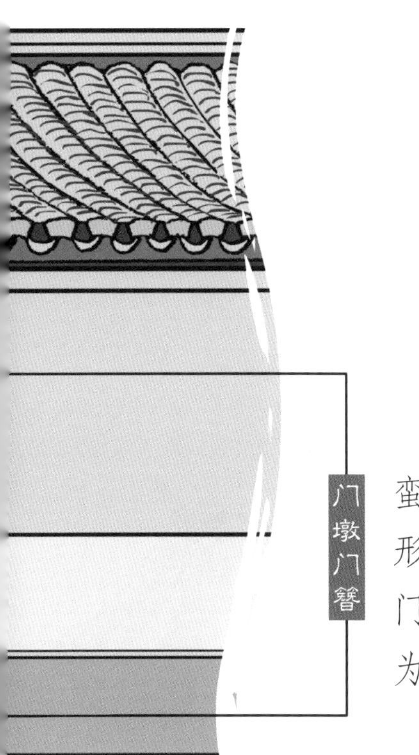

门墩门簪

蛮子门的门墩既有抱鼓形（圆形），也有箱子形（方形），门墩上一般雕刻有精美的图案。门簪装在门楣上，起固定和装饰的作用，一般为四个。

门扇

蛮子门的门扇安装在整座院门的前檐柱上，是区别于广亮大门和金柱大门最重要的一个特征。门前没有前厅，前檐柱上部也没有雀替。门框左右两侧各有一扇束腰式的门板作为装饰。蛮子门多为红色，门上没有门钉，檩和枋一般不画彩绘。

蛮子门不“野蛮”

很多人第一次听到“蛮子门”的时候，都会很好奇这个名字的由来。这么漂亮的一座四合院门，为什么起了一个如此“粗鲁”的名字呢？

“蛮子门”之名的由来没有定论，众说纷纭。目前比较流行的一种观点认为，这里的“蛮子”并非指“野蛮”，而是中国古代对“南方人”的一种蔑称。

北京蛮子门

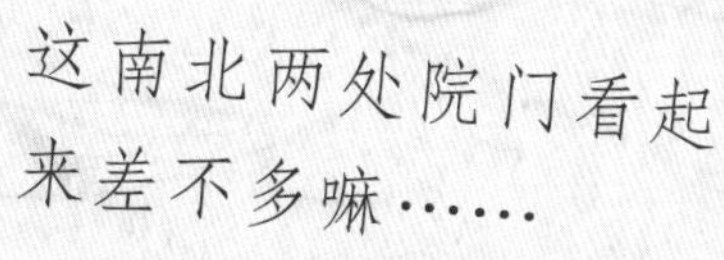

江苏南通蛮子门

如意门：砖雕创想有特色

如意门是北京城里比较常见的一种平民化的院门形式，多为百姓居住，经常能在北京的胡同里见到。

柴棒胡同55号

黄化门街43号

由于等级较低，如意门与前面介绍的四种大门在外形上有较大的差别，个头也相对较小，但如意门仍有属于它自己的别样的特色——如意门砖雕。

藕芽胡同7号

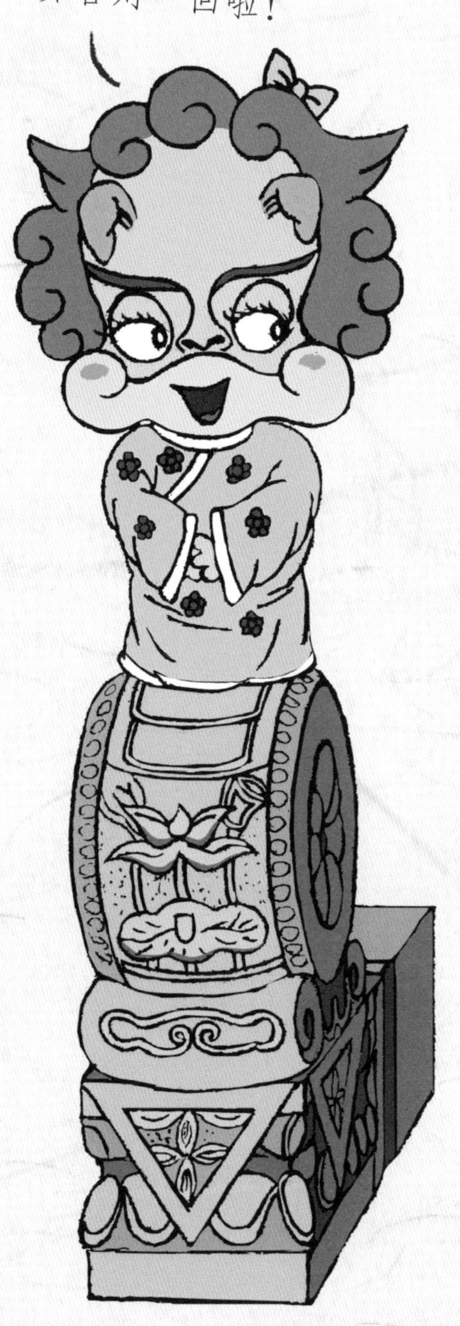
哈哈，赳赳，你总算答对一回啦！

“小小子儿，坐门墩儿，哭着喊着要媳妇儿……”是不是坐的就是这如意门的门墩呀？

门墩门簪

如意门的门墩既有抱鼓形（圆形），也有箱子形（方形），但体量都比较小，装饰也比较简单。门簪的数量一般只有两个，顶面上通常会写有“如意”二字。

屋顶

如意门的屋顶是硬山式屋顶，正脊多为清水脊和鞍子脊，脊上不安放小神兽。屋顶铺灰色合瓦。

象鼻枭

这是一个形状类似“如意”的构件，建在门墙内门洞的两个顶角上。如意门的名字就是因它而得名。

门墙

门墙是砌在前檐柱之间的一道砖墙。但这道墙不能完全砌上，中间需要留出一个门洞，用于安装门扇和门框。

门扇

如意门的大门较为简单，门框直接安装在门墙中的门洞里，门扉在旧时多为黑色，大门外侧安装的铺首（扣门环）是百姓使用的六角素面云头挂叶子造型，门扉下面的装饰有门包叶[1]。讲究的人家，还会在两扇门板上雕刻楹联[2]。

---

①门包叶：古建筑中安装在门板中间下角的金属装饰物，用以保护门板。

②楹（yíng）联：写在纸、布上或刻在竹子、木头、柱子上的对偶语句。

如意门上的艺术创想——砖雕

由于如意门门楣上部并不像广亮大门、金柱大门、蛮子门那样安设木制的走马板，而是全部由门墙砌成，这就给砖雕留出了足够的表现空间。

蛮子门此处全部由木材建造，没有可供进行砖雕创作的空间。

如意门此处全部由砖墙建造，为砖雕创作留出了充足的空间。

蛮子门与如意门走马板位置对比图

北京城中那些精美的院门砖雕，大部分出现在如意门上。如意门砖雕主要分为额枋和墀头[1]两部分，额枋部分主要有四层，由下到上分别是：象鼻枭层、挂落板层、冰盘檐层、栏板与望柱层。

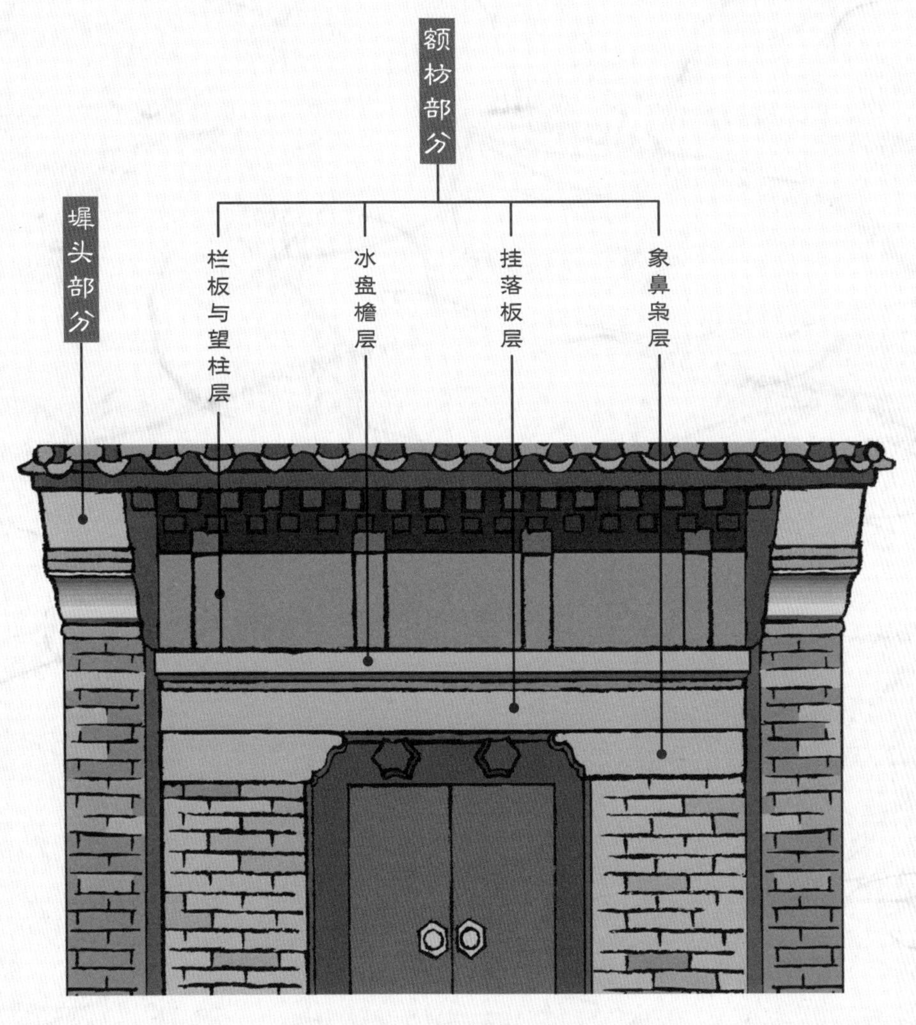

如意门四层砖雕示意图

---

① 墀（chí）头：古建筑中紧靠侧面山墙，用来支撑前后屋檐的砖构件。

戗檐 戗檐砖雕是院门的墀头部分，左右图案对称。戗檐上雕刻的内容非常丰富，如花草、动物、文房四宝等，甚至文字都可以雕刻在这里。戗檐的下面，也就是与挂落板层和象鼻枭层平行的部分一般会雕刻荷叶墩和垫花，大部分的垫花其实就是一个大花篮，花篮下面有三组穗子。

冰盘檐层 额枋砖雕部分的第三层叫作冰盘檐层，这一层是由很多个窄条组成的，上面主要是一些雕刻有花草或者条纹图案的装饰条。

大家快看，赳赳也跑到砖雕里凑热闹去啦，来猜猜赳赳摆的这个造型有什么寓意呢？

象鼻枭层 额枋砖雕部分的第一层叫作象鼻枭层，这一层并不是一条完整的直线，而是中间被门框隔开，左右各有一块完整的砖雕。象鼻枭层上的图案通常是灵芝、蝙蝠、太平花，象征健康、福气、平安。

栏板与望柱层

额枋砖雕部分的第四层叫作栏板与望柱层，这一层是如意门上内容最精彩、雕刻最精细的部分。栏板一般分为三块，望柱一般有四根。栏板上雕刻的内容主要有花草（梅花、菊花）、人物（传说故事中的人物）、博古（文房四宝）以及一些附有寓意的形象。

挂落板层

额枋砖雕部分的第二层叫作挂落板层，这一层一般不宽，呈长条状，由四到五块砖雕排列拼接构成。砖雕上的图案大多是花花草草，比如梅花、兰花、菊花等。

这个地方就是象鼻枭啦，大家看它的样子像不像博物馆里陈列的“如意”？

这些可爱的砖雕图案有哪些寓意呢?

北京砖雕不仅是一种雕刻在四合院门上的艺术形式，更是一项重要的非物质文化遗产保护项目。

北京砖雕是中国砖雕艺术“四大名旦”（京雕、徽雕、苏雕、晋雕）之一，有着严格的构图要求和雕刻规则。图案以花卉、珍禽瑞兽、吉祥符号、博古等为主，这些图案除了美观之外，还蕴含了丰富的寓意呢!

蝙蝠（福）

大象（祥）

桃子（寿）

石榴（多子多福）

瓶子（和平）

梅花鹿（禄）

鹌鹑（安）

狮子（世代）

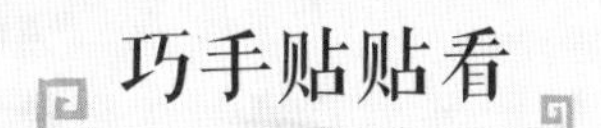

巧手贴贴看

天工开物

聪明的你快来帮赳赳装饰一下它家的如意门吧！

请在如意门额枋处贴上漂亮的砖雕图案（材料见本套书附页）！粘贴时请注意砖雕层级。

如意门总算盖好啦，不过这上面的砖雕该设计成什么样子呢？

随墙门：等级最低的四合院门

随墙门是所有四合院门中等级最低的，同时也是数量最多、最普遍的一种。在北京的各条胡同里基本都能见到它的身影。

由于这种门只是在院墙上留出了一个门洞，门洞上加盖一个小屋顶，故而得名随墙门。

屋顶

随墙门的屋顶体量一般都很小，多采用细筒瓦屋面或灰梗屋面①。正脊则多为清水脊或元宝脊。脊上没有小神兽。

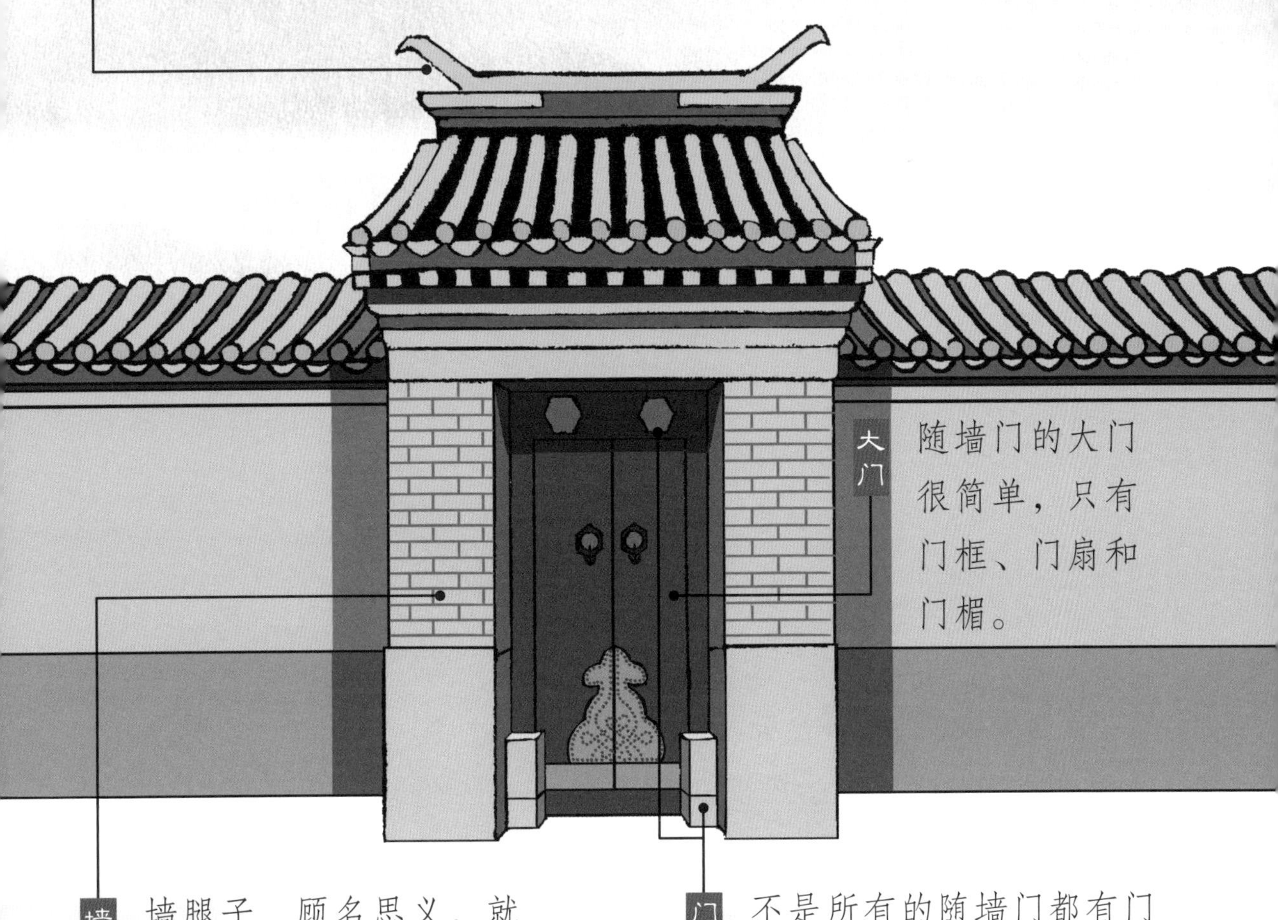

大门

随墙门的大门很简单，只有门框、门扇和门楣。

墙腿子

墙腿子，顾名思义，就是位于屋顶下方，起到腿一样支撑作用的两座砖砌小山墙②，是随墙门的主体支撑部分。

门墩门簪

不是所有的随墙门都有门墩，有些人家会用最简单的门枕石来代替。而门簪基本是所有的随墙门都会有，一般是两个。

---

①灰梗屋面：多用于不太讲究的民居，只铺底瓦，不铺盖瓦。在两垄底瓦之间用灰堆抹出宽约5厘米的灰梗，以防漏雨。

②山墙：古建筑中房屋两侧的外墙一般称为山墙。

动手玩玩乐

看过了北京四合院的六种大门形式，下面该大家自己动手制作一座四合院门啦（制作材料见本套书附页）！

第一步：准备好剪刀、胶棒。将附页中的四合院门零件按序号逐个剪下备用。

第二步：将剪下的零件沿虚线折叠好。注意：标红的虚线为反折线，大家需将零件反向折叠。

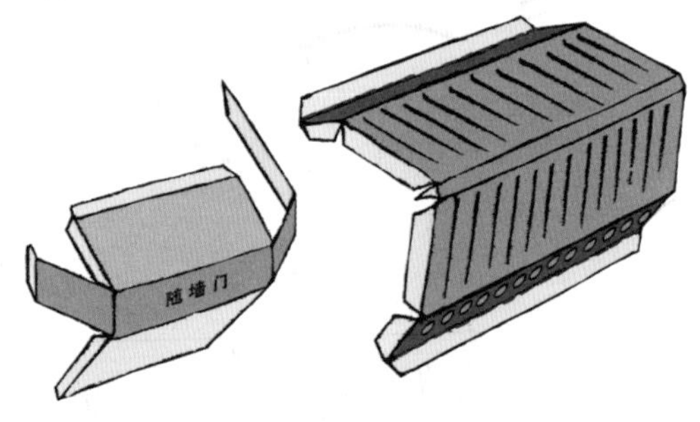

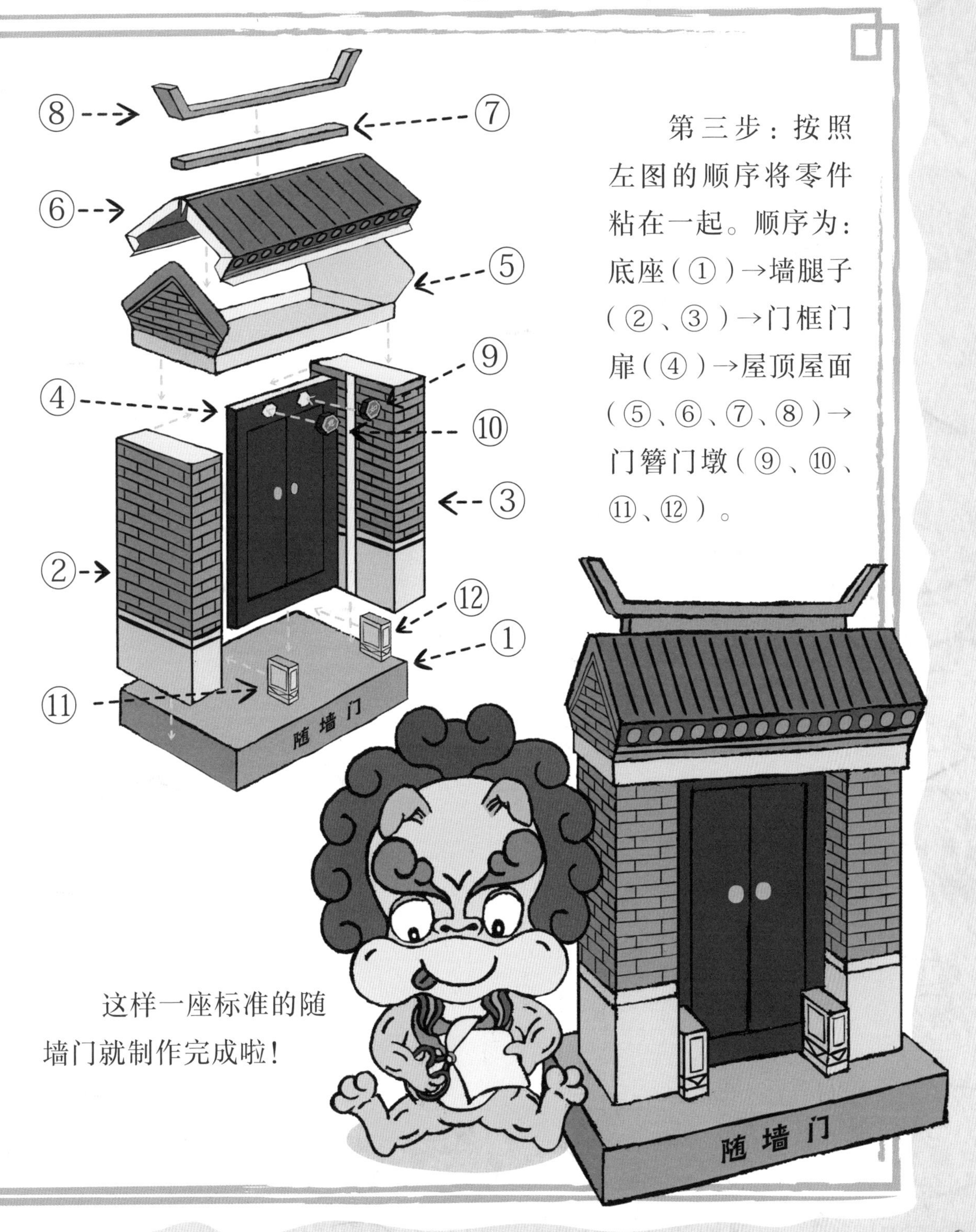

第三步：按照左图的顺序将零件粘在一起。顺序为：底座（①）→墙腿子（②、③）→门框门扉（④）→屋顶屋面（⑤、⑥、⑦、⑧）→门簪门墩（⑨、⑩、⑪、⑫）。

这样一座标准的随墙门就制作完成啦！